BACTERIAS POR TODAS PARTES

Lucía Almagro

BACTERIAS POR TODAS PARTES

Lo bueno y lo malo de los
microorganismos más abundantes
del planeta

PAIDÓS

1.ª edición, marzo de 2024

La lectura abre horizontes, iguala oportunidades y construye una sociedad mejor. La propiedad intelectual es clave en la creación de contenidos culturales porque sostiene el ecosistema de quienes escriben y de nuestras librerías. Al comprar este libro estarás contribuyendo a mantener dicho ecosistema vivo y en crecimiento. En Grupo Planeta agradecemos que nos ayudes a apoyar así la autonomía creativa de autoras y autores para que puedan seguir desempeñando su labor.
Dirígete a CEDRO (Centro Español de Derechos Reprográficos) si necesitas fotocopiar o escanear algún fragmento de esta obra. Puedes contactar con CEDRO a través de la web www.conlicencia.com o por teléfono en el 91 702 19 70 / 93 272 04 47.

SUMARIO

BACTERIAS HASTA EN LA SOPA

Prácticamente todo está cubierto por bacterias, aunque no las veas ni las sientas. A veces, sí somos capaces de tocarlas gracias a esa capa suave que se forma en las piscinas de plástico o en los cubos con agua estancada. Si te acabas de enterar de que eso son bacterias, ya te llevas algo de este libro.

Y no digo «absolutamente todo» porque existen zonas de nuestro planeta en las que no hay bacterias, como en muchas partes de tu cuerpo o del de los animales, en una prótesis de cadera recién esterilizada o en el interior de una botella de lejía. Pero en nuestro día a día estamos en contacto directo y continuo con millones y millones de ellas.

Mira a tu alrededor; todo lo que ves está cubierto de bacterias: las paredes, la silla, tus manos, la taza con la que bebes y cualquier cosa que esté a tu alcance, incluso este libro, a no ser que lo estés leyendo dentro de un quirófano, un útero o un volcán (que puede ser), y ahí ya se complica más la cosa.

Cuando he dicho que hay lugares donde no hay bacterias, quizá hayas pensado en sitios con ambientes extremos, como la Antártida o un géiser, pero te sorprenderá saber que ahí también viven. Y es que llevan tantísimos años en este planeta que les ha dado tiempo de sobra a adaptarse a prácticamente todas las condiciones. Están tan panchas aunque haya calorcito, un pH superácido o gases tóxicos y son capaces de soportar grandes presiones a miles y miles de metros bajo el agua o radiaciones que para nosotros serían mortales en cuestión de minutos, o varias cosas a la vez, y sobrevivir, reproducirse y crecer sin ningún problema. Muy fuerte. De hecho, las bacterias son el objetivo de muchas investigaciones cuyo fin es conocer los límites ambientales de la vida con el propósito de encontrar productos beneficiosos para los seres humanos y el planeta, como la insulina o las proteínas que digieren el plástico, fabricados de forma exclusiva por bacterias en ambientes casi imposibles para la vida.

¡Las bacterias son tan importantes como abundantes! Son más numerosas y ocupan más espacio que cualquier otro organismo en el mundo, y esto les da un poder abrumador sobre este planeta. Hace relativamente poco que se habla de su valor para nuestro organismo, como el de la famosísima microbiota, que ahora mismo cuenta con casi más seguidores que la Kardashian, pero la comunidad científica sabe esto desde hace muchísimos años. Y no son solo fundamentales para nosotros, también para los demás animales, plantas, insectos, hongos y virus de este planeta. Te aseguro que, sin ellas, ni tú ni yo estaríamos aquí.

Si bien el número exacto de bacterias que hay en el planeta es difícil de estimar, los cálculos científicos sostienen que hay unos 300.000 millones de trillones, lo que representa el 0,6 % de la masa ocupada por seres vivos de toda la Tierra. Ese porcentaje te parecerá nada y menos, pero los humanos somos el 0,01 %, así que las bacterias son sesenta veces más abundantes que nosotros, una auténtica locura.

Además, las bacterias garantizan muchos de los procesos que ocurren cada día en el planeta y que lo mantienen en las condiciones adecuadas para sobrevivir. Son la base de todas las cadenas alimentarias, tanto acuáticas como terrestres. Son consumidas por protozoos o pequeños invertebrados y peces, que a su vez son presa de animales más grandes, y así hasta llegar a todos los organismos de la Tierra. Tienes que pensar en la cadena alimentaria como algo muy muy pequeño que, poco a poco, va siendo ingerido por algo cada vez más grande y complejo. De no ser así, no existirían tantos tipos de organismos.

Las bacterias también cumplen un papel fundamental en los ciclos biogeoquímicos, que me juego mi microbiota a que te suenan del colegio. Esos dibujos del cielo y la tierra con flechas que indicaban cómo van viajando los elementos por cada ecosistema, haciéndolo sostenible. Pues aquí las bacterias son las que, en gran medida, transforman algo inútil para la mayoría de los seres vivos en algo útil. Descomponen la materia orgánica que al resto de organismos nos sobra y la reciclan, además de liberar nutrientes esenciales que volvemos a utilizar, cerrando así el ciclo. Sin esas bacterias, ¿quién convertiría los desechos en algo de provecho para, por ejemplo, un árbol, del que luego se alimentan otros animales, incluidos nosotros?

No obstante, las bacterias son capaces de muchísimo más. A lo largo de este libro, te voy a demostrar hasta dónde nos pueden llevar, porque, gracias a las nuevas tecnologías, los avances científicos y el aumento del conocimiento sobre estos microorganismos, se logran auténticas maravillas con ellas tanto para los humanos como para el medioambiente. La biotecnología ha revolucionado el mundo bacteriano y la visión que tenemos de estos pequeños seres que bañan nuestro entorno, convirtiéndolos en herramientas superpoderosas para, prácticamente, cualquier cosa que se te ocurra.

Hasta el momento, es probable que tu idea sobre las bacterias siempre haya estado asociada a enfermedades, suciedad e infecciones, toda una lista de términos negativos que no han ayudado a que se quiera saber más sobre ellas. Con este libro quiero poner remedio a esta falta de interés y por ello te agradezco que lo hayas elegido para intentarlo.

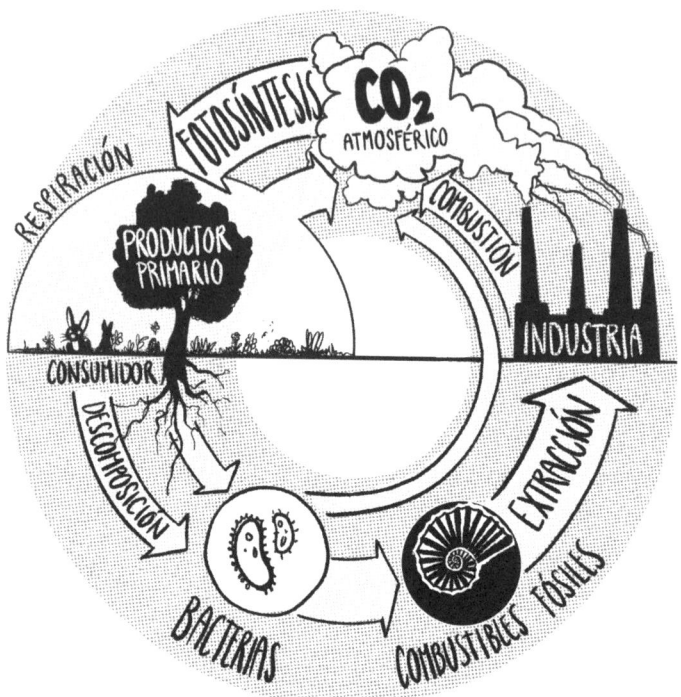

Figura 1. Un ciclo biogeoquímico

Los científicos que descubrieron las bacterias ya se las vieron y se las desearon en su momento para convencer al resto de la comunidad científica de que una cosa que no se veía era la causante de un montón de dolencias y problemas, como la descomposición de la comida. Tú imagínate, en el siglo XVII, cuando Europa estaba controlada por monarquías absolutas y la tolerancia religiosa brillaba por su ausencia, que llegase alguien diciendo que los causantes de las enfermedades eran unos bichos imperceptibles, y no las fuerzas divinas. Una situación complicada. Pero fueron los primeros pasos de la revolución científica, que vivió su momento de esplendor en el siglo XVIII.

Comprendo que, después de grandes epidemias, como la peste, que mató a veinticinco millones de personas, no tengas un buen concepto de las bacterias, pero te prometo que la mayoría de ellas desempeñan funciones beneficiosas para todo el planeta; en concreto, para los humanos cuando las utilizamos como herramientas de fabricación.

En este libro encontrarás un poco de todo para que te hagas una idea general del papel tan importante que cumplen las bacterias, entiendas la maravillosa maquinaria que son y descubras algunas curiosidades sobre ellas. Piensa que llevan miles y miles de años en este planeta, optimizando al máximo sus engranajes, por lo que se han convertido en unas criaturas asombrosas, aunque muy poco valoradas y bastante desconocidas para la mayoría.

Primero, nos pondremos en situación: entenderemos cómo viven, cómo respiran, cómo se reproducen (de manera hiperbreve) y daremos un rápido repaso por los tipos de bacterias que existen, pues, si me parase a explicarlas una a una, tendría tema para siete libros como este por lo menos. Luego te llevaré de viaje al pasado, cuando las bacterias eran las reinas del mambo y los humanos no teníamos forma de luchar contra ellas, para que descubras cómo se las ingeniaban nuestros antepasados para evitarlas.

Una vez que conozcas esto, veremos sus implicaciones tanto en tu propio organismo como en la investigación y la industria, hasta llegar al tema que hoy preocupa, y mucho, a casi toda la comunidad científica: la resistencia a los antibióticos. Porque oímos hablar mucho sobre esto, pero ¿sabes por qué se produce exactamente? ¿Conoces las herramientas que existen para luchar contra esta resistencia? ¿Y cómo se plantea el futuro al respecto?

Espero que disfrutes mucho de esta lectura, un viaje al

mundo microscópico en el que descubrirás un nuevo ecosistema y todo lo que es capaz de hacer sin que tú lo veas. Cuando acabes este libro, verás el mundo de otra forma y te parecerá un privilegio poder hacerlo.

¡Vamos allá!

CAPÍTULO 1

...

¿CÓMO HEMOS LLEGADO HASTA AQUÍ?

El origen de la vida. Esto es un temazo, la verdad. Hoy, la comunidad científica no se pone de acuerdo al respecto, y no es porque las pruebas sean poco evidentes, es porque faltan certezas y cada uno tiene su hipótesis. Hay una bastante aceptada, que te explicaré más adelante, pero quiero que te quedes con la idea de que no hay suficiente evidencia científica que la sustente y mañana mismo podría imponerse otra teoría.

La verdad es que no sé si nos resultaría muy útil hoy en día conocer cómo surgió la vida, pero, como seres curiosos que somos, no podemos evitar que nos ronde esa pregunta. Reconozco que averiguar exactamente cómo fue produciría ese microplacer del saber que estoy segura de que has sentido si tienes un libro como este, de divulgación científica, en las manos.

EL PANORAMA TERRESTRE CUANDO TODO EMPEZÓ

Primero, quiero ponerte en contexto para que entiendas todo lo demás. La Tierra se formó hace 4.500 millones de años, millón arriba, millón abajo, y en los inicios el ambiente estaba caldeado, nunca mejor dicho.

DATO CURIOSO
La radioactividad no siempre es mala

Puede que te preguntes cómo leches somos capaces de saber la edad de la Tierra, y encima siendo tal cantidad de millones de años. La respuesta está en los análisis de radioisótopos de desintegración lenta. ¡Toma ya!, ¿qué te parece? Lo siento, los científicos somos así, le ponemos nombre raro a todo, pero básicamente es la forma que tenemos de saber la edad de un objeto gracias a la descomposición de un elemento radioactivo.

Cuando dicho elemento se descompone, libera su radiación, y este proceso ocurre siempre al mismo ritmo. Por ello, conociendo el ritmo y la cantidad de este radioisótopo, es decir, midiendo su radiación y los productos que se forman por su degradación, se puede saber la antigüedad de los fósiles. Es un poco complejo, pero similar a cuando hierves un huevo: viendo su consistencia al pelarlo, puedes saber más o menos cuánto tiempo ha estado hirviendo porque comparas su estado antes de meterlo en el agua (crudo) con el resultado de su transformación por el calor (más o menos cuajado).

Nuestro planeta se formó a partir de los materiales de una nebulosa de polvo y los gases liberados por la explosión de una antigua estrella. Gracias al sol, que liberaba grandes cantidades de energía en forma de luz y calor, los materiales que quedaban en aquella nebulosa empezaron a fusionarse por las colisiones que ocasionaron el azar y la atracción gravitatoria. De ahí fueron surgiendo pequeños trocitos de materia, que poco a poco crecieron hasta dar lugar a unas masas que, más tarde, formarían los planetas. Todo esto generó una cantidad de energía brutal que provocó que la Tierra se calentara y que, en aquel momento, fuese puro magma en ebullición, aunque se iría enfriando. Como verás, las condiciones no se parecen en nada a las de la paradisíaca Costa del Sol, sino que más bien son parecidas a las de Marte, pues nuestro planeta se vio sometido constantemente a bombardeos de asteroides durante al menos quinientos millones de años, que se dice pronto.

Luego apareció el agua, que en teoría procede de los choques de cometas y asteroides helados, aunque sobre esto hay muchas dudas. Pero independientemente de su origen, su aparición supuso un punto de inflexión que permitiría el nacimiento de la vida en la Tierra. Al principio, debido a la temperatura del planeta, seguramente toda el agua debía encontrarse en forma de vapor, pero, con el paso del tiempo, unos doscientos millones de años, debido al enfriamiento pasó a estado líquido, por lo que las condiciones se volvieron compatibles con la vida.

De hecho, en Groenlandia hay formaciones celulares de hace 3.860 millones de años con gran cantidad de carbono en su composición, lo que indicaría que se trata de material orgánico; por lo tanto, de vida. Recuerda que el carbono, el nitrógeno, el oxígeno, el hidrógeno, el fósforo y el azufre son los elementos más abundantes en todo lo vivo, también en los virus, que, aunque oficialmente no se consideren como tal, yo, como fan declarada, los considero organismos, y con mucho *power*.

EL MEOLLO DEL ASUNTO: ¿CÓMO FUE EL ORIGEN DE LA VIDA?

Nadie puede decirlo con seguridad, la verdad, pero parece probable que lo primero que surgiese fuera algo así como una molécula capaz de hacer copias de sí misma hasta convertirse en algo más complejo. Es evidente que, con temperaturas altísimas y unos niveles de radiación ultravioleta tan elevados en la Tierra, la vida tal y como la conocemos era prácticamente imposible, y, como todo en este mundo, las cosas se empiezan con piezas pequeñas que, poco a poco, van formando algo más complejo (aunque no necesariamente mejor).

La hipótesis más aceptada sostiene que la vida se originó muy por debajo de la superficie terrestre, en las fuentes hidrotermales del lecho marino. Son una especie de estalagmitas formadas por compuestos como el hidrógeno, el azufre o el metano, que salen de la corteza oceánica como si de un microvolcán en erupción se tratase. Su unión, junto con las altas temperaturas y, cómo no, el azar, hizo que surgiesen pequeñas moléculas muy similares a lo que ahora conocemos como ARN, que, aunque parezca conocerse solo desde que llegó la COVID-19, la verdad es que es una de las moléculas mejor conservadas y cuidadas por la evolución.

Para entender bien el origen de la vida, debemos tener presentes las tres moléculas esenciales de la célula: el ADN (ácido desoxirribonucleico), el ARN (ácido ribonucleico) y las proteínas. Las proteínas son el resultado de convertir las letras que describen nuestros genes en el ADN en algo tangible y funcional. Así, como dependen de la secuencia genética, quedan descartadas como primera molécula. Además, por sí solas no son capaces de multiplicarse, mientras que con el ADN ocurre todo lo contrario. Sin embargo, este último no es capaz de llevar a cabo funciones celulares, como las proteínas, y es de cajón que, para empezar con la vida, algo tienes que ser capaz de hacer, no solo contener la información para ello. Es como tener las piezas de un armario (que serían las proteínas) y su manual de instrucciones (que sería el ADN). Por separado, ni aquellas ni este nos permitirán guardar ropa en ningún sitio, ya que necesitamos a alguien que sepa leer ese ADN y montar el armario. ¿Adivinas quién?

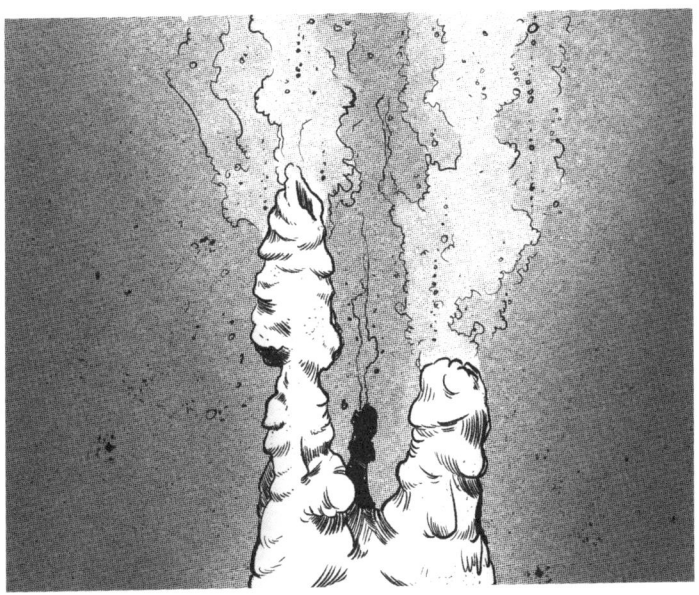

Figura 2. Chimeneas submarinas

El ARN es la pieza fundamental que hace que lo que pone en tu ADN se convierta en realidad y tengas esos maravillosos rizos de tu madre, esos ojos oscuros de tu padre o, a veces, esos problemillas que preferirías no haber heredado. Además de ser ese técnico que te monta el armario (que a veces eres tú, si lo compras en IKEA), el ARN también puede formar parte de moléculas que te dan energía, unir otras para formar proteínas y hasta tener actividad catalítica, es decir, hacer posibles reacciones químicas fundamentales en tu organismo.

Por todo ello se cree que la vida empezó en un mundo de ARN, en el que él se lo guisa y se lo come todo, probablemente catalizando su propia formación y multiplicación, hasta que, recuerda, por puro azar, aparecen las proteínas y asumen este papel. La teoría mantiene que, más adelante, surge el ADN, una molécula que por naturaleza es más estable que el ARN y, por tanto, una caja fuerte de información mucho más segura, de modo que adopta el papel de libro de instrucciones para que el ARN se limite a convertirlo en proteína.

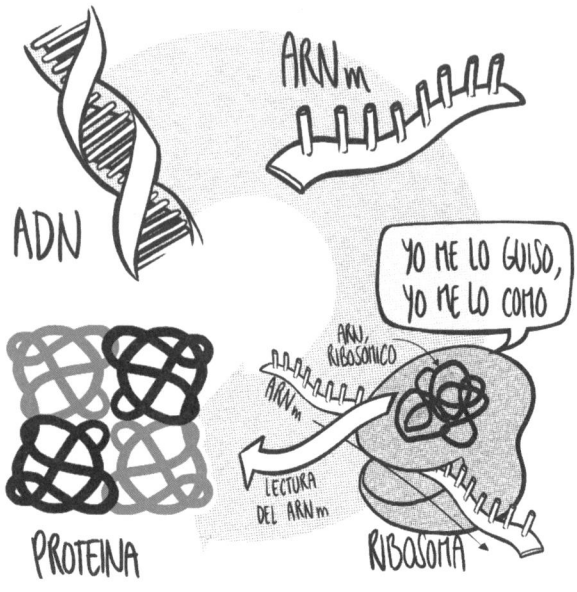

Figura 3. La síntesis de proteínas

Como te he comentado, esto es solo una hipótesis y, como siempre en ciencia, muchos del gremio opinan que esa explicación no se sostiene. Alegan que, con las condiciones de la Tierra hace 4.000 millones de años, es imposible que se formara una molécula que hoy sabemos que es ultrasensible a todo y que se degrada casi con mirarla.

De hecho, no se ha conseguido crear ARN en laboratorio en esas condiciones a pesar de innumerables esfuerzos, y sabemos que, para la comunidad científica, si algo no se puede ver ni analizar estadísticamente, no se puede afirmar. Lo único que está claro es que la vida microbiana surgió a partir de mezclas aleatorias de compuestos químicos, porque, si no, no estaríamos aquí; cómo ocurrió ya es otra movida.

DATO CURIOSO
Tus manos son máquinas de destruir ARN

Resulta que nuestra piel, en especial las manos, está cubierta de unas famosas enzimas que en el mundo de la investigación nos hacen la vida imposible cuando queremos estudiar el ARN: las RNasas (ribonucleasas). Estas se dedican a cortar todo el ARN que se encuentran por el camino y son resistentes a muchas condiciones extremas. Nos fastidian tanto que hasta el ganador del Premio Nobel Ingmar Hoerr (fundador de CureVac) dijo en una conferencia que eran «una auténtica m*****» (literalmente). Y ¿para qué queremos eso en las manos? Pues las RNasas tienen actividad antimicrobiana y nos ayudan a defendernos de infecciones de bacterias patógenas, como el *Streptococcus pneumoniae* o la famosa levadura *Candida albicans*. Así que no están ahí solo para complicarnos la vida a los científicos, sino que tienen una función importante, como todo en nuestro organismo, ¡aunque en algunos casos aún no la sepamos!

Conforme avanzaron los años y el azar tuvo oportunidad de hacer su magia, se cree que en esas chimeneas de las que he hablado antes empezaron a formarse pequeños compartimentos que ayudaron a que ocurriesen otras reacciones químicas que dieron lugar a la formación de moléculas más similares a las que conocemos hoy (al concentrarlo todo en un punto), y, por supuesto, a que surgieran las membranas que recubren las células y las separan de las demás.

Probablemente, las primeras formas de vida celular tenían ya su ADN, sus distintos tipos de ARN y una fábrica de proteínas, por lo que serían muy similares a las actuales (aunque primitivas). Además, contaban con una membrana capaz de conservar la energía y el alimento en el interior, algo muy importante entonces, pues las células tenían que conseguir energía de un ambiente bastante inhóspito, duro y sin oxígeno, un elemento superimportante a nivel energético. Más o menos, te lo puedes imaginar como un saquito relleno de líquido en el que flotaban pequeñas moléculas de ADN, ARN y proteínas que hacían lo mínimo para sobrevivir, si a eso se lo podía llamar «vida».

Este antepasado común a todas las formas de vida en el planeta tiene nombre y se parece al mío. Incluso te diría que a veces me han llamado así cuando me he topado con agencias de envío o registros en el extranjero donde no existe la *i* con tilde. A nuestro ancestro más antiguo lo han llamado «LUCA», que proviene de *last universal common ancestor* («último antepasado común universal»), que existía hace entre 3.700 y 3.800 millones de años, cuando surgieron diferencias entre los organismos que dieron lugar a lo que hoy conocemos como «especies».

Las primeras que aparecieron son las protagonistas de este libro, las bacterias, junto con unas compañeras bastante similares, las arqueas; pero a estas las dejaremos tranquilas, porque, si no, nos volveremos locos. A partir del origen de las bacterias, la vida microscópica fue evolucionando y aprendió a exprimir al máximo los recursos disponibles del planeta, a la vez que este también iba evolucionando.

La Tierra entera fue un lugar sin oxígeno durante la mayor parte del tiempo y, hasta que la evolución no estuvo más avanzada, con la aparición de la fotosíntesis de las bacterias (uy, sí, las bacterias ya hacían la fotosíntesis mucho antes que las plantas), no existió el O_2 molecular que utilizamos para respirar todos los organismos aerobios. Por lo tanto, hasta ese momento, las bacterias se limitaban a obtener energía y alimento de un entorno anaerobio (libre de O_2) y probablemente bastante caliente. Se piensa que se alimentaban de CO_2, que por entonces era *trending topic* en la atmósfera, y que usaban el H_2 como combustible energético. Ojo aquí, porque con las nuevas baterías de hidrógeno pensamos que estamos innovando, pero nada más lejos de la realidad: las bacterias llevan haciéndolo millones de años y son las que han inspirado la creación de esta tecnología.

La hipótesis del árbol de la vida representa a LUCA como el origen de la vida, un árbol del que salen dos ramitas principales: las bacterias y las arqueas.

Durante todo ese tiempo, las bacterias produjeron grandes cantidades de compuestos orgánicos (que ahora nos forman y nos nutren), que con el tiempo se acumularon y propiciaron las condiciones necesarias para que apareciesen nuevas bacterias que se alimentasen de ellos, siempre de la mano del azar.

Como ya te he adelantado, las bacterias fotosintéticas fueron cruciales para cambiar las condiciones de la vida y aparecieron en este momento de evolución para poner la primera piedra de la Tierra tal y como la conocemos hoy, rodeada de una atmósfera rica en oxígeno que hace posible que tú y yo estemos aquí. Estos organismos utilizan la energía del sol para captar electrones de otras moléculas, que luego se convierten en energía útil para estas células y, con el oxígeno, oxidan elementos como el H_2, para dar lugar a moléculas tan famosas como el H_2O, el agua. Con esa energía, mucho mejor aprovechada, fabrican grandes cantidades de productos orgánicos que son utilizados por otras formas de vida que antes no existían.

La evolución funciona así: el entorno va cambiando, ya sea por factores externos o por los propios organismos, y así otros seres vivos tienen la oportunidad de aparecer porque la probabilidad de que ocurra es mayor que antes al haber más cantidad de un compuesto dado. Esto provoca otro cambio y vuelta a empezar. Seguramente, las primeras bacterias que hacían la fotosíntesis eran más del bando del azufre, por pura disponibilidad, pero, con el tiempo y los cambios del entorno, hace más o menos 3.000 millones de años, aparecieron bacterias que utilizaban el oxígeno, más similares a las que conocemos hoy: las cianobacterias, ¡famosísimas en el mundo de la microbiología! Esto permitió que las bacterias se diversificaran mucho más y surgiesen nuevas especies, lo que causó, junto con el aumento de oxígeno en la atmósfera, el mayor cambio en la historia de nuestro planeta.

Recuerda que todo esto ocurría bajo los océanos, ya que en la superficie era inviable por la radiación ultravioleta, mortal para las células y causante de grandes daños en el ADN. Y ahora te preguntarás: ¿Y en qué momento desapareció toda esa radiación y las bacterias pudieron salir a la superficie?

Cuando el oxígeno (O_2) recibe la radiación ultravioleta (UV) del sol, se convierte en ozono (O_3), que es capaz de absorber esa radiación gracias a su estructura molecular. Esta transformación crea una barrera de protección de la superficie de la Tierra frente a gran parte de la radiación UV solar. Por eso antes de que existiera era imposible vivir al aire libre y la vida se limitaba a los océanos o al subsuelo. Se cree que la capa de ozono empezó a formarse hace 2.000 millones de años, unos cuantos después de que apareciese el oxígeno en el planeta, momento a partir del cual todo cambió.

Recuerdo muy bien el día que nos explicaron esto en clase de Ciencias de la Tierra. La verdad es que me costaba creer que un simple gas, muy similar al que respiramos, fuese el determinante de que podamos vivir en la Tierra. Y es por esto también que los agujeros en la capa de ozono nos llevan preocupando desde hace muchísimos años, pues, sin ella, estaríamos más secos que un ajo.

LA EVOLUCIÓN DE LAS ESPECIES MÁS PRIMITIVAS: DE BACTERIA A CÉLULA COMPLEJA

Antes de contarte cómo las bacterias dieron lugar a células más complejas, quiero hablarte sobre la evolución en sí. Darwin nos enseñó que las especies van evolucionando al adaptarse al medio y que las que mejor se adaptan sobreviven y se reproducen. Esto ocurre muy despacio y se conoce como «microevolución»: durante generaciones, se dan pequeños cambios aleatorios que conducen poco a poco a la especiación, si sale bien, o a la extinción, si el cambio azaroso juega en nuestra contra. Puedo explicártelo hablando de las personas miopes, como yo.

Tú dime a mí, con cinco dioptrías en cada ojo, ¿cuánto habría durado yo hace miles de años en medio de la sabana? Tres pelas, ya te lo digo. Porque, si me pongo a cazar alguna gacela, ya podría esperar cruzada de piernas y fumándose un cigarro a que yo acertase con la flecha... O, si no, a correr delante de un león: con la primera piedra, árbol o arbusto que encontrase, me iría al suelo y se acabó. Esto haría que yo no pudiese tener progenie. Por lo tanto, los miopes seríamos bichos raros dentro de la especie. Pues lo mismo con las bacterias; las características que proporcionan ventajas o desventajas son producto de mutaciones al azar en nuestro ADN o de la mezcla de los genes de nuestros progenitores.

Ni la microevolución ni la macroevolución, que se da cuando pasa mucho tiempo, se producen a una velocidad constante. En el registro fósil, se observa que el ritmo de la evolución se interrumpe periódicamente por explosiones de especiación forzadas por cambios bruscos ambientales, lo que se conoce como «equilibrio puntuado». Esta teoría, bastante aceptada, demuestra que el hecho de que, a nivel evolutivo, una especie esté muy lejos de otra (una cucaracha de un mono, por ejemplo) no proporciona ninguna información de cuándo se produjo esa divergencia. Una rayada. Porque en un principio puedes pensar: «Ostras, desde que apareció la cucaracha hasta que llegó el mono tuvieron que pasar un montón de años», pero quizá los separan menos de los que piensas.

Volviendo a las bacterias, quiero aclararte unos conceptos: son asexuales, es decir, no necesitan a nadie para reproducirse. Un día, deciden multiplicar su contenido (como si te pusieras tú a fabricarte otros pulmones, intestino, cabeza y corazón) y, cuando lo tienen todo listo, se dividen, pasando de ser una a ser dos. Y, ojo, esto en veinte minutos, eh, no necesitan más. Tienen un trocillo de ADN libre por toda la célula, con algún orgánulo (los *órganos* de las células) que las ayuda a hacer sus funciones, pero, comparadas con nuestras células, son bastante sencillitas y forman parte del grupo de los procariotas (de esto hablaremos después).

Por lo tanto, al reproducirse ellas solitas, su capacidad para evolucionar está limitada: no tienen dos progenitores de los que obtener variabilidad. Dependen de las mutaciones que se dan en el material genético al azar o de la transferencia lateral de genes, que no es más que el intercambio de genes entre bacterias, que en muchos casos es el motivo de la resistencia a los antibióticos. Se dividen muy rápido, tienen pocos mecanismos de corrección de errores en el ADN y, encima, se ponen a mezclar material genético entre ellas a tutiplén, lo que provoca que su evolución sea relativamente rápida y sepan adaptarse a cualquier medio. Y, ya si pensamos en la cantidad de millones de años que nos llevan de ventaja, apaga y vámonos.

Hasta hace 2.000 millones de años, todas las células carecían de núcleo, esa habitación independiente que tienen nuestras células para guardar el ADN. Debo recordarte de tus clases de Biología que la diferencia entre las células procariotas (las bacterias) y las eucariotas (las tuyas) es que las primeras no tienen núcleo, mientras que las segundas sí. Esta compartimentación extra se considera un nivel más de complejidad, por lo que las células eucariotas aparecieron más tarde que las bacterias, obvio. La complejidad es evidente también, ya que el núcleo no es el único orgánulo que está rodeado de una membrana: también la tienen las mitocondrias (los pulmones celulares) o los cloroplastos (los encargados de la fotosíntesis).

Pero ¿cómo pasaron las sencillas bacterias a ser células, con sus compartimentos y orgánulos complejos? Pues te lo voy a explicar, pero antes de nada quiero que sepas que esto sigue siendo una hipótesis, porque demostrar el pasado en el presente es bastante difícil, y un talón de Aquiles de este tema es cómo apareció el núcleo y en qué momento.

Volviendo a la transformación de bacteria a célula eucariota, tenemos que situarnos en un planeta Tierra en el que cada día aumentaban más los niveles de oxígeno, lo que estimuló el desarrollo de nuevas formas de vida. Aunque el origen de las células eucariotas no está claro, los microfósiles más antiguos con núcleo reconocible tienen unos 2.000 millones de años y los de algas un poquito más complejas con agrupaciones de células, unos 1.900. Como mínimo, hasta hace seiscientos millones de años, ya con una cantidad de oxígeno igual que la actual, no surgieron en los océanos grandes organismos multicelulares, lo que indica que las células eucariotas fueron capaces de diversificarse muchísimo en un período muy corto de tiempo, en comparación con el de la evolución anterior, y dar lugar a los antepasados de las algas, plantas, hongos y animales de hoy.

No obstante, algo tuvo que pasar para que se produjera ese cambio de procariota a eucariota. La hipótesis más aceptada para explicar la aparición de orgánulos es la endosimbiosis. ¿Qué te parece el nombrajo? Uno más de los miles que le gusta poner a la comunidad científica. Esta hipótesis, propuesta por la bióloga Lynn Margulis, defiende que, antes de ser lo que son ahora, las mitocondrias y los cloroplastos eran bacterias independientes que vivían haciendo funciones similares a las actuales: obtener energía por medio del oxígeno y la fotosíntesis. ¿Y cómo llegaron estos orgánulos a formar parte de las células? Pues siendo engullidos, firmando una especie de acuerdo entre las dos, eso que conocemos como «simbiosis», gracias a la cual ambas partes salen ganando. Más o menos, como sucede con los millones de bacterias que tienes en el cuerpo: ellas se aprovechan de ti, pero tú de ellas también.

Esta teoría se sustenta en dos pilares importantes: tanto la mitocondria como el cloroplasto son orgánulos con su propio ADN y ribosomas (recuerda que estos últimos son los técnicos del IKEA montándote la proteína). Esto nos lleva a pensar que, antes de estar dentro de una célula, eran bacterias independientes. Además, estos ribosomas y ADN son muy similares a los de las bacterias, y esto ya sí que no puede ser casualidad.

Las células eucariotas parecen ser una mezcla de las dos primeras *especies* que aparecieron en la Tierra: las bacterias y las arqueas. Sin embargo, no está claro si fue antes el huevo o la gallina, es decir, si primero apareció el núcleo y luego ocurrió la endosimbiosis o al revés, y sigue siendo bastante difícil de saber ahora mismo. En el primer caso, el núcleo sería el resultado de esa experimentación de la evolución: la célula primitiva era tan grande y difícil de gestionar que, por azar, surgió ese compartimento y lo hizo todo más sencillo. La segunda hipótesis plantea que hubo un momento de simbiosis entre una bacteria, que luego sería la mitocondria, y una arquea, que sería la célula hospedadora. Así, el núcleo habría aparecido una vez que los genes de la bacteria se transfirieron a la arquea.

Desde luego, esto de la evolución no es moco de pavo, por

DATO CURIOSO
La herencia de nuestras madres: las mitocondrias

Si de algo podemos estar orgullosas las madres es de que las mitocondrias que tienen nuestros hijos e hijas proceden de nosotras sí o sí. Así que, si eres madre y alguna vez te dicen que el niño es clavadito al padre, piensa que eso está muy bien, pero que la maquinaria que le da energía es cien por cien tuya, y eso es indiscutible. Algún consuelo hay que buscar...

El óvulo, cuando va a ser fecundado, es una célula completa (o casi), con todos sus orgánulos y la mitad de su ADN. El espermatozoide también lo es antes de interaccionar con el óvulo, pero, cuando llega a su membrana, en el interior solo deja el material genético, mientras que el resto (donde están las mitocondrias) queda fuera y se destruye. De hecho, el espermatozoide tiene mogollón de mitocondrias para mover durante tantísimas horas el flagelo (la colita), pero son como una pila desechable: cuando acaban su trabajo, van a la basura.

Por eso, todas las células que se forman a partir del óvulo son hijas de las mitocondrias maternas y el ADN que llevan estos orgánulos en su interior también. Actualmente, el ADN mitocondrial es una herramienta para diagnosticar enfermedades hereditarias por parte de la madre muy potente y cada día proporciona nueva y valiosísima información sobre su importancia en el organismo. Eso sí, unos años atrás, las investigaciones mostraron que, en casos muy raros, se cuela alguna mitocondria del padre, lo que provoca que haya genes duplicados; así, si bien antes se pensaba que era problema de la mitocondria materna, ahora se sospecha que es producto de la mezcla de las mitocondrias del padre y de la madre. Así que aquellas madres cuyos hijos no se parecen a ellas ni en el blanco de los ojos pueden encontrar consuelo en este hecho.

lo que cada día hay investigadores que intentan arrojar luz al respecto. Además, gracias a los avances en la tecnología, podemos analizar secuencias genómicas con mucha más precisión, que nos dan mucha información sobre ella, pero esto da para otro libro.

Solemos pensar que la evolución hace que los organismos vayan aumentando su complejidad con el tiempo y que, cuanta más complejidad, mejor, pero esto es un error y te voy a explicar por qué. En realidad, la evolución es un tira y afloja y los cambios que se producen dependen totalmente del ambiente, por lo que la pérdida de alguna función en un ambiente determinado puede resultar beneficiosa.

Existe una teoría para explicar esta pérdida de funciones, muy común en las bacterias, que da lugar a una dependencia entre las comunidades microbianas: la hipótesis de la reina negra. Este nombre tan peculiar hace referencia a un juego de cartas francés en el que puedes ganar de dos formas distintas. Una de ellas es evitar quedarte con la reina de picas, para lo que tienes que perder el máximo número de cartas posible. La segunda es ganar todas las bazas y quedarte con todas las cartas, incluida la reina negra.

Esta hipótesis plantea que algunos mejoran en la evolución (es decir, ganan) perdiendo genes específicos que les dan ventajas, mientras que otros lo hacen quedándoselos todos. ¿Y esto cómo se explica? Imagina una colonia de bacterias, igual que las que tenemos de gatos por la ciudad, en la que todas viven en armonía. Del mismo modo que hay quien echa pienso a los mininos, existen unos genes que crean moléculas con las que «se alimenta» el metabolismo de las bacterias. Si la bacteria permanece en esa comunidad, la selección natural se relajará y dejará de producir aquellos genes que ya obtiene desde fuera.

Imagínate que a los gatos les están dando un compuesto que ellos mismos podrían generar. Al final su cuerpo dirá «para qué voy a perder energía fabricando esto si me lo dan desde fuera» y dejará de producirlo. Esto hace que los genes que eran esenciales antes de formar parte de esa comunidad dejen de serlo para algunos miembros.

Así, cada vez son más los organismos que van perdiendo funciones (con cada generación) y desarrollan dependencia de la comunidad, pero esto les da una ventaja evolutiva: el ahorro de energía, aunque se lo juegan todo a una carta (nunca mejor dicho), pues serían incapaces de crecer si se separasen de esa comunidad. De esta forma, las comunidades microbianas cada vez tienen más dependencias a lo largo del tiempo. Sin embargo, aquellos organismos que mantienen todas las funciones esenciales (que recurren a la estrategia de quedarse con todas las cartas), aunque tienen que asumir costes energéticos muy altos, serían capaces de colonizar nuevos hábitats mucho mejor, al tener todas las funciones disponibles y de forma independiente.

Esta hipótesis está muy relacionada con la resistencia a los antibióticos, ya que, en muchos casos, son las propias bacterias las que se van transfiriendo los genes entre ellas y actúan como una comunidad en la que aquellas que juegan todas las cartas ayudan a las más dependientes a hacerse fuertes frente a algo que puede matarlas.

Después de este repaso por la evolución y el origen de la vida, vamos a darles el protagonismo que se merecen a las actrices principales de este libro: las bacterias.

Se trata de microorganismos microscópicos, llenos de buenas o malas noticias, capaces de transformarse en fábricas casi de cualquier molécula y adaptarse a cualquier medio rápidamente, y todo esto con una estructura asombrosamente sencilla formada por una única célula. Aún existen miles de incógnitas en torno a ellas, puesto que hay muchísimos tipos, de los cuales solo hemos sido capaces de cultivar en laboratorio el 1 %. Sin duda, con tantos años de ventaja en este planeta, las bacterias nos aportan infinidad de información y herramientas útiles para nuestra vida, pero, antes de verlo, te voy a explicar con detalle qué son, cómo son y cómo se clasifican, o más bien cómo las clasificamos los humanos.

CAPÍTULO 2

...

¿CÓMO SON ESTOS «BICHOS»?

¿Cómo son estos bichos? Estoy segura de que, si tienes este libro en las manos, alguna vez has visto algún dibujo de una bacteria: el típico óvalo o círculo con cara malvada, a veces con una especie de pelos rodeándolo o incluso con colitas parecidas a la de los espermatozoides. La verdad es que su representación está bastante conseguida, teniendo en cuenta que las bacterias son así de simples cuando las miramos al microscopio. Son una especie de cápsulas, como las que usamos como medicamentos, que a veces se mueven y a veces no, y todas apelotonadas unas al lado de las otras, que así de primeras parece que no vayan a hacer daño a nadie, pero ojito con ellas.

Lo malo de estos dibujos es que es imposible representar a todas las bacterias, porque su clasificación es una de las peores partes que tenemos que aprendernos los científicos en la asignatura de Microbiología. Hay varias formas de clasificarlas, aunque, si nos vamos a la filogenética, que las agrupa en función de su parecido, encontramos unos ochenta grupos (los filos), pero más del 90 % de las especies que se han caracterizado pertenecen solo a cuatro filos y ya suponen un total de diez mil. Así, te puedes imaginar la ingente cantidad de especies bacterianas que hay, de las que solo sabemos que existen y poco más, y todas las que quedan por descubrir para seguir volviendo loca a la comunidad científica.

En este capítulo, intentaré explicarte cómo son las bacterias por fuera y por dentro, cómo es su día a día, qué comen y cómo se reproducen para que conozcas todo el potencial que tienen, tanto para matarnos como para servirnos como herramienta de experimentación y producción. Prometo no liarte mucho con la clasificación, voy a ir a lo fácil: te lo explicaré de la manera en la que todos los estudiantes de ciencias soñamos que va a salir en el examen (y nunca ocurre).

¿QUÉ SE VE AL MIRAR UNA BACTERIA?

Antes de empezar a destriparte una bacteria para que imagines cómo es por dentro, quiero volver a recordarte lo que son los organismos procariotas. Suelen ser microscópicos y se diferencian de los eucariotas, como tú, por su estructura y su composición, principalmente en que no tienen núcleo ni orgánulos muy complejos. Digamos, para que me entiendas, que en nuestro mundo macroscópico un coco sería un procariota porque solo tiene la cáscara, un poco de carne y líquido en su interior, y un kiwi sería un eucariota, con piel, carne amarilla, pepitas repartidas por todo su interior y un centro blanco. Uno no tiene compartimentos, el otro podríamos decir que sí.

Más o menos, así es como distinguimos un procariota de un eucariota, además de por su tamaño, para el cual no nos sirve el ejemplo del coco y el kiwi, pero así ves la complejidad de uno y otro. Además, el hecho de que el coco sea duro y tenga una pared rígida también recuerda mucho a las bacterias, muchas de las cuales, al contrario que las células de tu cuerpo, tienen una pared celular que las hace más resistentes al entorno. Sin embargo, al darle un golpe o ejercer un poco de presión, el kiwi se deforma, algo típico de las células eucariotas.

Ahora que ya sabes, más o menos, qué son los procariotas, debo decirte que las bacterias pertenecen a este supergrupo de organismos, uno de los más importantes en el mundo en todos los ámbitos. Son los más numerosos e importantes para la ecología, además de que su investigación nos ha dado la mayor parte de nuestro conocimiento sobre cómo funciona la naturaleza.

Cabría esperar que unos organismos tan pequeños y simples no tuviesen mucho margen de maniobra para variar en forma y tamaño, pero nada más lejos de la realidad, pues existen combinaciones para aburrir. Eso sí, generalmente los procariotas son de dos formas, que son las que solemos ver representadas en esquemas o en fotos, coco y bastón. He de decir que, al contrario que la mayoría de las veces, aquí los científicos no se calentaron mucho la cabeza para elegir nombre, y mejor.

Los cocos son células más o menos esféricas y pueden ir solas por la vida o juntitas y pegadas a otras formando un equipo de bacterias, que normalmente se ven como una fila de pelotas una detrás de otra, parecida a un gusano. Un ejemplo son los *Lactococcus*, famosos en el mundo entero por su presencia en los yogures y por los superpoderes inmunitarios que les han atribuido ciertas marcas, ejem, ejem...

Los bastones son literalmente como los gusanitos que les damos a los peques en las fiestas de cumpleaños. Yo no puedo ver otra cosa que no sean bacterias cuando mi hija los come (tengo un problema, lo sé).

De todas maneras, también existen bacterias que son completamente deformes, como la que provoca un tipo de neumonía (*Mycoplasma pneumoniae*), y otras que forman espirales supermonas.

Además de por su forma, las bacterias también se diferencian mucho por su tamaño, algo que considero importante que conozcas para entender por qué están hasta en la sopa.

Para que te hagas una idea, una bacteria estándar como la *Escherichia coli* mide unas dos micras de largo (tiene forma de bastón), que es diez mil veces menos que un centímetro. Es decir, si coges una regla, imagínate dividir el milímetro en mil y tomar dos unidades de esa división. Eso mide una bacteria de media, nada y menos.

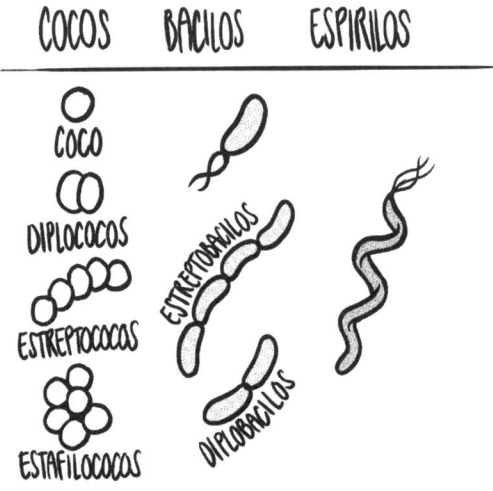

Figura 4. Tipos de formas de las bacterias

Sin embargo, hay bacterias que son entre diez y cuarenta veces más pequeñas aún, las nanobacterias. En el otro extremo, hay bacterias que alcanzan las seiscientas micras, la mitad de un milímetro, por lo que prácticamente podemos verlas a simple vista; lo malo es que viven dentro del intestino del pez cirujano y no es algo con lo que tratemos en nuestro día a día.

Ser pequeña tiene una ventaja evolutiva. Las células pequeñas tienen mayor superficie respecto al volumen propio que las grandes, lo cual supone un intercambio de nutrientes más fácil y rápido. Esto hace que crezcan muy deprisa, por lo que la población de las células pequeñas será mucho mayor, aun con los mismos nutrientes, porque necesitan menos para vivir. Esto, obviamente, está relacionado con la evolución, pero hay otro factor muy importante: las mutaciones.

En las células pequeñas, que se dividen tanto y tan deprisa, haciendo que la evolución sea más rápida, se cometen muchos errores cada vez que se multiplica el material genético para crear una célula hija. Aunque las mutaciones siempre las asociamos a algo negativo, como ya te he contado, muchas veces dan ventajas evolutivas de forma totalmente aleatoria; cuanto más juegues a esa carta, más probabilidad de que te toque. Este es uno de los motivos por los que las bacterias son capaces de adaptarse más rápido y mejor a nuevos hábitats en comparación con los eucariotas, como nosotros, y es que no siempre mayor complejidad significa ser mejor.

Bueno, después de ponerte al día a nivel general de cómo son las bacterias por fuera, ahora te voy a contar cómo son por dentro, capa a capa, desde el centro hasta el exterior, para que conozcas el maravilloso mundo de la simplicidad convertida en una máquina perfecta.

EL MATERIAL GENÉTICO DE LAS BACTERIAS: UN OVILLO DESHECHO Y ANILLOS FLOTANTES

Seguramente estés pensando «¿Qué se ha tomado esta para sacar ahora lo del ovillo deshecho?». Bueno, pues la verdad es que no me he tomado nada, pero sí que le he dado vueltas a la cabeza un rato para encontrar algo en la vida macroscópica que se parezca al material genético. Y es literalmente así: una cadena de ADN amontonada en el centro de la bacteria (aunque puede moverse a cualquier lado) que no parece tener ningún sentido, pero sí lo tiene.

Al contrario que las células que forman tu cuerpo, el material genético en las bacterias no está protegido por ningún núcleo porque no lo necesitan, la verdad. Además, tienen menos cantidad y esto hace que sea mucho más fácil de gestionar. Esta es la diferencia más clara entre los procariotas y los eucariotas: cómo tienen organizado su material genético y que los procariotas carecen de núcleo.

A la región donde encontramos ese ADN hecho un ovillo se la llama «nucleoide», porque quiere ser núcleo, pero no llega a serlo, como los humanoides de las películas. Esta región normalmente es una cadena de ADN circular, lo que quiere decir que sus extremos están unidos. Es como si la madeja de lana tuviese un nudo en los extremos que, si consiguiéramos desenredar, formaría un círculo enorme. También hay excepciones con más de un fragmento, como la mundialmente famosa *Vibrio cholerae*, que por su nombre intuirás que es la bacteria que provoca el cólera.

El nucleoide no solo está formado por esa molécula, también tiene elementos de RNA y de proteínas, que son los que se encargan de que ese material genético se convierta en algo real, como una enzima o una sustancia vital. Digamos que es como el centro de mando de toda la célula. Además, existen otras proteínas que se ocupan de que este se mantenga unido, actuando de pegamento, y regulan que algunas zonas estén más o menos recogidas.

Vale, ahora que has entendido cómo es el grueso genético de la bacteria, te voy a presentar a los plásmidos, que he bautizado como «anillos flotantes». Estoy segura de que te será muy fácil visualizarlos porque te los encuentras todos los días en el ordenador cuando estás esperando a que se cargue algo.

Además del nucleoide, las bacterias pueden tener un plus de material genético: los plásmidos, muy importantes para nosotros, los humanos. Son cadenas dobles de ADN (como la típica que siempre ves) que pueden ser circulares o lineales,

DATO CURIOSO
¿Por qué el ADN en las bacterias es circular?

Hay que tener en cuenta que el material genético de las bacterias está libre en la célula y no tiene ninguna protección frente al ambiente, que puede dañarlo, al carecer de núcleo. Además, el ADN es sensible a muchas cosas y, si se estropea, tenemos un problema de vida o muerte, por lo que la naturaleza ha encontrado la manera de protegerlo fácilmente: haciendo un círculo. Las puntas de los hilos o de cualquier cosa fina, como nuestro cabello, siempre se estropean antes que el centro. Con el ADN sucede lo mismo, por lo que las células que forman el cuerpo de una persona tienen sus cromosomas protegidos en los extremos por unas secuencias repetidas miles de veces (los famosos telómeros). Sin embargo, las bacterias no han podido hacer esto por cuestiones de espacio, así que cierran sus puntas. De este modo, protegen su material genético y lo copian y multiplican con gran eficacia.

aunque las más famosas son las primeras. Y las bacterias no es que tengan un plásmido o dos, la realidad es que se han encontrado algunas con casi veinte y cada uno aporta un superpoder. ¿Recuerdas lo que te conté de la reina negra? Pues los plásmidos aquí cumplen un papel importantísimo para tener esas funciones que le dan ventajas a la bacteria y, a veces, resistencia.

La información contenida en esos apenas treinta genes con que cuentan, frente a los cientos que suelen tener en su nucleoide, no es esencial para la vida, ya que hay bacterias sin ellos que hacen una vida normal. Sin embargo, muchos plásmidos tienen genes que les dan ventajas selectivas en ciertos ambientes y situaciones, como cuando se enfrentan a una dosis de amoxicilina, por ejemplo.

Además, estos trocitos de material genético son capaces de replicarse por sí solos. ¿Esto qué quiere decir? Que, cuando hay que hacer copias, las hacen de manera independiente, y existen plásmidos de una sola copia o de decenas de ellas por célula. Seguramente ya hayas visto cómo se replican cuando utilizas un ordenador Windows y se te queda el puntero del ratón en «Procesando». Ese círculo azul que ves girar sin parar, mientras te desesperas aguardando a que funcione de una vez, es justo la misma manera en que estos anillos multiplican su información y es como si con cada giro de ese círculo naciese otro.

Quizá no te parezca gran cosa que haya bacterias con trozos de ADN por ahí pululando, pero, créeme, es mucho más importante de lo que piensas. Y es que resulta que los plásmidos son el principal mecanismo de resistencia bacteriana, ya que contienen genes que cambian el metabolismo de la bacteria y consiguen evadir la acción de los antibióticos. Y ¿sabes lo peor de lo peor? Que entre ellas se transfieren la información para sobrevivir, como un buen equipo. Esta es la principal ventaja que les otorgan los plásmidos a las bacterias, que se pueden enviar copias unas a otras a través de unos poros que tienen en la superficie de una forma bastante sencilla, que más adelante te explicaré.

EL CITOPLASMA: EL LÍQUIDO QUE DA LA VIDA A LAS BACTERIAS (Y A NOSOTROS TAMBIÉN)

No olvides que las bacterias son el origen de la vida y que compartimos muchas características con ellas, sobre todo las más elementales. De hecho, gracias a ellas, conocemos el fundamento de la vida y cómo funcionan las células, pues son muy sencillas de estudiar y su funcionamiento básico es muy

DATO CURIOSO
Investigaciones científicas españolas

No hace mucho, un grupo de investigadores científicos españoles del CSIC encontraron una ventaja (para los humanos) de los plásmidos: igual que les dan la vida a las bacterias, se la pueden quitar. Descubrieron que existen plásmidos que pueden provocar que las bacterias se vuelvan más sensibles a otros antibióticos a los que no son resistentes, lo que se conoce como «sensibilidad colateral». Estos plásmidos son como una espada de doble filo, ya que, cuando activan el mecanismo de resistencia a un antibiótico, algo cambia en su metabolismo (que aún está en investigación) y les provoca una mayor sensibilidad a otro.

Estos científicos consiguieron eliminar de un plumazo bacterias con plásmidos resistentes a antibióticos comunes utilizando combinaciones de fármacos con sensibilidad colateral. Esto abre la puerta a un nuevo enfoque, al menos temporal, para seguir luchando contra las bacterias resistentes.

similar al nuestro y al de todos los organismos del planeta. Pero no me quiero poner romántica.

Si pensamos en las bacterias como un coco, el citoplasma es el agua que tiene dentro, donde se encuentran la mayoría de los nutrientes. Es el líquido que hace que esa cápsula tenga volumen y consistencia y donde ocurren todas las reacciones químicas que hacen posible la vida. Es el cajón de herramientas de la bacteria, pero, al contrario que el nuestro, que está repleto de herramientas para hacer de todo, este tiene tres cosas contadas, lo mínimo para construir la típica estantería de IKEA y poco más.

En ese citoplasma, flotando, está el nucleoide del que te he hablado antes. Pero como comprenderás, el ADN por sí solo no hace nada: necesita una serie de herramientas que lo vuelvan útil, como una enzima que convierta los productos del exterior en alimento o una molécula que le permita infectar una célula humana. La herramienta más importante para una bacteria, y para cualquier forma de vida, es el ribosoma. No sé si te sonará de algo: los ribosomas son las moléculas encargadas de leer el ADN y convertirlo en algo funcional. Como decía mi profesora de Genética cuando hablaba de mutaciones, «algo funcional, que puede funcionar o no», otra movida en la que no voy a entrar, aunque aquí quedará su recuerdo para la posteridad. El citoplasma de las bacterias está petado de ribosomas, que son las fábricas de proteínas de las células. Quiero que te los imagines como las manos de una señora mayor haciendo ganchillo: cada cruce de hilo es un nuevo eslabón de esa proteína que va tomando forma conforme avanza. El ribosoma coge del medio citoplasmático las piezas de esa proteína, los aminoácidos, y los va uniendo uno a uno en el orden que le indica el ADN. Es difícil de creer, pero este mecanismo tan complejo ocurre millones de veces al día en cada una de nuestras células y en las de absolutamente todos los organismos, en un mundo microscópico imposible de imaginar.

Además de montones de ribosomas, las bacterias también tienen una especie de esqueleto, como nosotros, que les permite tener una forma y hacer unos movimientos determinados. Son como unos tensores que se atan a un extremo u otro de la célula y sirven para cosas tan importantes como la división celular. Porque, piénsalo bien, cuando la célula ya lo tiene todo preparado para dividirse, tiene que haber algo para que se haga la división física, ¿no crees? Estos filamentos se organizan en el centro de ella y empiezan a tirar de las membranas hacia dentro hasta que las fusionan y, ¡tachán!, de una célula aparecen dos.

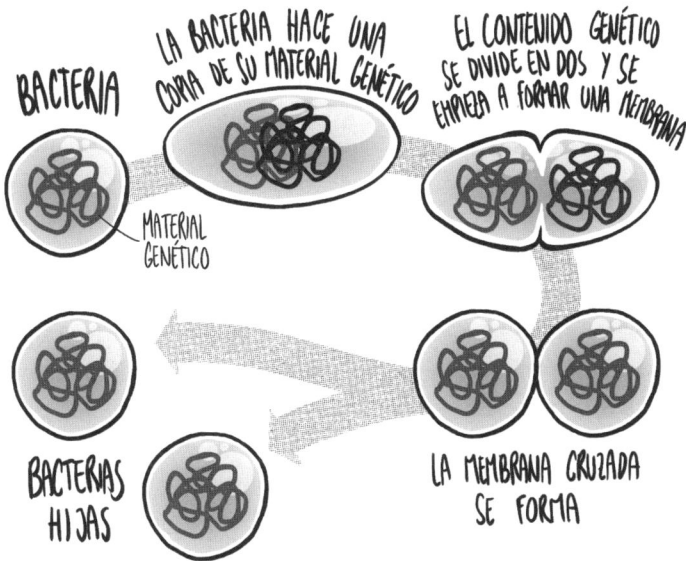

BACTERIA

LA BACTERIA HACE UNA COPIA DE SU MATERIAL GENÉTICO

EL CONTENIDO GENÉTICO SE DIVIDE EN DOS Y SE EMPIEZA A FORMAR UNA MEMBRANA

MATERIAL GENÉTICO

BACTERIAS HIJAS

LA MEMBRANA CRUZADA SE FORMA

Figura 5. La división celular

Y, por último, pero no menos importante, de las tres herramientas contadas que hay en este cajón que es el citoplasma, esta es la más curiosa: los cuerpos de inclusión. Pero, oye, no pienses que tienen cuerpos ahí como en los laboratorios de anatomía humana; aunque reciben este nombre, más bien son como una masa de cosas apelotonadas.

Son pequeños gránulos de materia que se acumulan y sirven como almacenamiento a la bacteria. Digamos que son como nuestros michelines de grasa o el glucógeno del hígado, pero en forma de bolitas flotantes. Su composición va variando en función del ambiente en el que se encuentren y les sirve hasta para flotar. Por ejemplo, en el mar hay bacterias que necesitan luz para hacer la fotosíntesis y tienen acumulaciones de aire que van regulando para flotar más o menos en función de la cantidad de luz que necesiten, ¡una pasada!

DATO CURIOSO
Las bacterias magnéticas

Las bacterias tienen que buscarse la vida para sobrevivir en cualquier medio porque, al contrario que nosotros, no tienen ni cerebro, ni piernas, ni nada similar. Un ejemplo de aquellas capaces de hacer prácticamente cualquier cosa son las bacterias magnetotácticas acuáticas. Se las llama así porque viven en el agua, obviamente, pero también porque utilizan los polos magnéticos de la Tierra como táctica para alimentarse. Dentro de ellas hay cadenas de pequeñas bolitas de magnetita (una molécula compuesta por hierro y oxígeno) que actúan como imanes, literalmente. Las bacterias del hemisferio norte utilizan su cadena de pequeños imanes para orientarse en dirección norte y hacia abajo en el mar con el fin de nadar hacia el fondo marino, donde se encuentran los sedimentos ricos en nutrientes, o encontrar la profundidad óptima para vivir. Las bacterias que están en el hemisferio sur se orientan hacia el sur y hacia abajo con el mismo objetivo. Esta ingeniería de la naturaleza no la encontramos solo en estas bacterias, también en otros animales, como pájaros, atunes, delfines o tortugas, y probablemente los ayuda a orientarse.

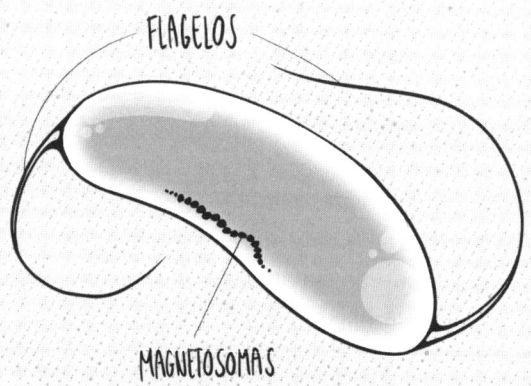

Figura 6. Una bacteria magnética

LA MEMBRANA Y LA PARED CELULARES: LOS LÍMITES DE LAS BACTERIAS

Está claro que a todo ese líquido del citoplasma hay que ponerle una frontera para que se convierta en algo: la membrana celular, famosa en el mundo entero por lo importante que es. Las células tienen que interaccionar continuamente con su entorno, ya sea una bacteria que se encuentra en esta hoja que estás leyendo o los miles de células apelotonadas en la mano con la que sostienes este libro. No solo tienen que ser capaces de adquirir nutrientes y eliminar lo que sobra, sino de mantener su interior en equilibrio, organizado y controlado frente a posibles cambios en el entorno, más o menos como hacen tu piel, músculos y huesos con todos tus órganos.

Teniendo en cuenta que las bacterias no tienen ni chicha ni limoná en el citoplasma, entenderás que su membrana cumple muchas más funciones de las que cabría esperar. Además de retener el líquido citoplasmático, también se encarga de seleccionar qué entra y qué sale de ahí, para lo que tiene incrustadas varias proteínas que se ocupan de ello.

Voy a intentar que visualices la membrana con un ejemplo algo absurdo, pero te prometo que es lo más realista que hay. Piensa en una piscina infantil en la que el agua representa el citoplasma. Llénala y cúbrela de bolas de colores (como las de los parques de bolas): ahora tienes una capa de bolas de colores y, debajo, el agua. Todas esas bolas pueden moverse con libertad por la superficie y son maleables, pero sirven de capa protectora del agua. Literalmente, así es la membrana plasmática. Una masa, en este caso de grasa, que cubre el líquido y lo contiene, pero en constante movimiento y fluyendo.

En la membrana, estos elementos están unidos entre sí por enlaces que la hacen maleable sin que llegue a romperse. También permiten que se instalen en ella moléculas más grandes, como proteínas transportadoras de nutrientes, que controlan la entrada y salida de elementos fundamentales para la vida; por ejemplo, la glucosa. Es igual que si pusieras en esa piscina de bolas un flotador en forma de aro: quedará rodeado por muchas bolas, pero su agujero central te dejará ver el fondo de la piscina y meter en ella lo que quieras. Has flipado con la metáfora, ¿eh? Pues es así como me imagino las membranas. En estas membranas ocurre prácticamente todo: el metabolismo, la fotosíntesis, la respiración celular, la fabricación de moléculas... Porque en el citoplasma no hay una estructura física donde anclar toda esta maquinaria para compartimentar las tareas, algo que sí ocurre en las células eucariotas, como las tuyas.

La composición de las membranas varía mucho entre bacterias y, muy a menudo, se utiliza para clasificarlas o identificarlas. La membrana es pura grasa, que como sabrás se vuelve más fluida con el calor, como ocurre con el aceite de coco en verano. Entonces, ¿cómo se las apañan las bacterias que viven a altas temperaturas? Pues variando su composición y utilizando lípidos más estables a temperaturas altas, y al contrario en el caso de las que viven en lugares extremamente fríos. Si utilizaran los mismos lípidos, las de la Antártida tendrían una capa dura e imposible de cruzar por muchos nutrientes, con lo que estarían destinadas a la muerte.

Quizá te estés preguntando: ¿y la pared celular que menciona el título dónde está? Pues está pared con pared (nunca mejor dicho) con la membrana celular y queda más al exterior; digamos que es como los azulejos que cubren un aseo, una protección fácil de limpiar y que protege el cemento de la humedad. Más o menos, esto sería la pared para las bacterias, aunque ellas no tienen ningún interés en la limpieza, solo en la protección.

La pared celular es una capa por lo general bastante rígida que está implicada en la forma de la bacteria y en su protección frente a sustancias tóxicas, patógenos (sí, existen patógenos de los patógenos) o choques osmóticos, además de

DATO CURIOSO
El petróleo y las bacterias

Parece que, cuando hablamos del origen del petróleo, solo nos vienen a la cabeza los restos mortales de grandes animales, incluso he llegado a oír lo de los dinosaurios, pero la verdad es que las bacterias tienen mucho que ver aquí, teniendo en cuenta que son los organismos que más tiempo llevan en nuestro planeta.

Hay un lípido presente en muchas de las membranas de las bacterias, el hopanoide, y los científicos han estimado que la masa total de este compuesto en los sedimentos es de 1.000.000.000.000 de toneladas, prácticamente igual a la masa total de carbono que sumamos todos los organismos vivos del planeta. Existen evidencias de que los hopanoides han contribuido a la formación del petróleo de forma muy significativa, solo hay que ver la cantidad que existe.

hacerla más o menos peligrosa para nosotros. Prácticamente, no existen procariotas sin pared celular, porque tienen tan pocas armas con las que defenderse que esta se convierte en su escudo, aunque no siempre es útil, ya que muchos de los antibióticos que hemos diseñado están pensados para destruirla.

Esta pared está formada por unas moléculas conocidas como «peptidoglicano», que forman una malla superresistente, y las hay más o menos complejas, lo que sirve para clasificarlas en dos grandísimos grupos que quizá te suenen: las bacterias grampositivas y las bacterias gramnegativas. No es porque sean más *hippies* las positivas por lo que se llaman así; en realidad, es porque, al utilizar tintes para verlas al microscopio, estas se tiñen, mientras que las negativas no. Las que se tiñen es porque solo tienen una capa de pared celular protegiéndolas, y las que no, además de esta capa, tienen otra de lípidos, similar a la membrana, que no permite que la tinción llegue a la pared celular. Esto planteó una incógnita sin solución a los científicos durante años y llevaba de cabeza a los microbiólogos de la época.

Esta diferencia entre las bacterias se debe a su tipo de metabolismo y al entorno. Algunas reacciones químicas necesitan de ciertos elementos que no se pueden integrar en la pared celular, y para ello existe esa segunda capa de lípidos, en la que, al igual que en la membrana, se pueden integrar distintas proteínas que metabolizan sustancias y consiguen la adaptación al entorno.

Una de las moléculas más famosas de esta membrana externa es el lipopolisacárido (LPS), muy abundante en muchas bacterias, que se pega a cualquier superficie y forma esa capa brillante y suave que a veces vemos cubriendo piscinas, bañeras o juguetes de baño, conocida en ciencia como «biofilm».

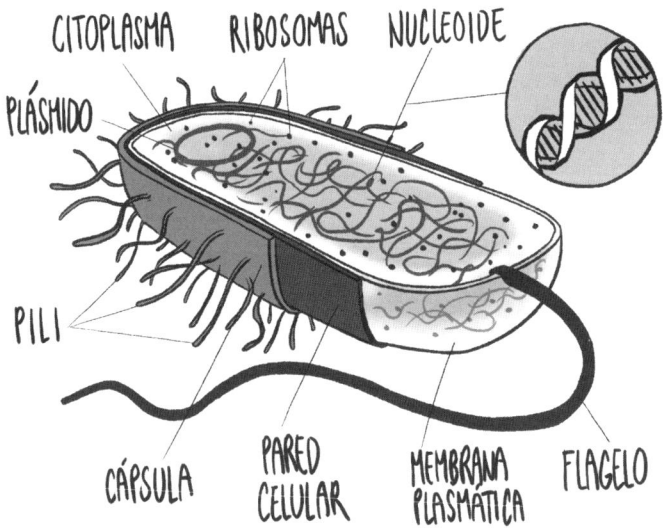

Figura 7. La estructura de una bacteria

El biofilm es una agrupación de bacterias, unas al lado de las otras, colocaditas de tal forma que sus moléculas de LPS forman una capa impermeable y protectora. Si no frotas con jabón o alguna sustancia desinfectante, eso no lo quitas así sin más.

El LPS también es una pieza fundamental en la lucha del sistema inmunitario cuando tenemos una infección bacteriana. Es una de las señales de alarma de nuestras células inmunitarias para responder frente a bacterias y producir anticuerpos. Y, una vez que el anticuerpo se une, la bacteria está destinada a morir a manos de un linfocito tarde o temprano.

Sin embargo, existen bacterias que cambian la forma de esta molécula rápidamente para que el sistema inmunitario no la reconozca y campan a sus anchas por todo el cuerpo. Si la bacteria alcanza el torrente sanguíneo, el LPS actúa como una endotoxina que puede causar un choque séptico, para el cual no hay tratamiento directo y provoca la muerte en cuestión de horas.

Así que fíjate si es importante para la célula bacteriana esta pared, gracias a la cual se protege a sí misma del entorno, pero también frente a los ataques de enemigos, provocando así la muerte de una persona y tener bufet libre durante meses.

AUNQUE LA BACTERIA SE VISTA DE SEDA, BACTERIA SE QUEDA: LOS COMPLEMENTOS BACTERIANOS

Te he engañado un poco cuando he dicho que las bacterias no tienen piernas para moverse, porque en realidad cuentan con algo similar. Aunque más bien es una especie de cola, como la de los espermatozoides, que les sirve para desplazar-

DATO CURIOSO
El peligro que esconden los juguetes de baño

Es muy típico dar juguetes de baño a los más pequeños, ya que así se entretienen y tú tienes un rato para respirar, pero hay que fijarse bien en lo que les damos. Por lo general, se trata de patos o cualquier otro animal de plástico con un agujero, que es un peligro por ser potencialmente infeccioso, y no exagero. Cuando acaba el baño, por mucho que aprietes el muñeco para vaciarlo de agua, para una bacteria o un hongo, una minigota es como una piscina olímpica para nosotros. Con esa agua estancada, y muchas veces calentita por la temperatura del baño, facilitamos el crecimiento a las bacterias. Además, como la superficie de esos juguetes es superlisa, no tienen ninguna dificultad para construir en ella su colonia y crecen con mucha facilidad. Es como si a nosotros nos diesen el chalet de nuestros sueños, protegido de todo y con todas las comodidades..., pues nos quedamos y seguramente nos reproducimos.

Limpiar con lejía no es la solución. Que sí, que mata a las bacterias, pero es un producto tóxico y no es plan exponer a los más pequeños cada poco a esta sustancia. Además, entre limpieza y limpieza, se formarán colonias, porque, como sabes, en tan solo veinte minutos nace una bacteria. Existen estudios que han encontrado bacterias que pueden provocar otitis, infecciones de orina o problemas respiratorios. También se han encontrado listeria, que provoca muchas neumonías, y enterococos, las típicas de algunas endocarditis y meningitis. Así que mucho ojo con esto. Lo mejor es comprar juguetes sin agujero y olvidarse de este problema.

se por el entorno libremente en busca de un lugar idóneo donde crecer.

Son los flagelos. Sí, suena un poco gore, pero es así. Son como pelitos largos colocados de forma estratégica en la superficie de la bacteria, tan pequeños que ni al microscopio óptico se ven, pero esto no resta importancia a la función que tienen. Mola mogollón verlos en acción porque se mueven como la hélice de un barco: giran a unas cien revoluciones por segundo (que no minutos), aunque hay auténticos expertos que llegan hasta las trescientas revoluciones. Mientras escribo esto, me pregunto ¿y cómo giran entonces? Informándome, he descubierto que las bacterias que tienen el flagelo en uno de sus extremos, como los espermatozoides, tienen que parar en seco para cambiar de dirección y así ir hacia otro lugar a ver si encuentran algo.

La vida de las bacterias me parece tan azarosa que cuesta creer que sean capaces de hacer tantas maravillas o gamberradas como hacen. Para ellas, resulta difícil nadar en el medio en el que se encuentran, ya que no suele ser un líquido tan fluido como el agua del mar, sino más bien con la consistencia de la miel, por lo que hay que tener mucha fuerza para moverse en él. A pesar de esta resistencia ambiental al movimiento, las bacterias pueden nadar a una velocidad de casi noventa micras por segundo, que equivaldría a avanzar cien unidades de su propio cuerpo por segundo. Por ejemplo, una persona de un 1,80 de altura, aun siendo muy buena, solo podría correr a una velocidad no superior a cinco veces su longitud, así que las bacterias son unas nadadoras profesionales.

Además de nadar, las bacterias pueden dar pequeños saltos para moverse, sobre todo aquellas que no son muy ágiles. Tienen una especie de pelito corto que cubre toda su superficie, como la piel de un kiwi, y les sirve para desplazarse. Estos pelos se contraen micrométricamente todos a la vez y luego se sueltan: ese microimpulso hace que la bacteria bote, con lo que, por puro azar, caerá en otro punto, y así hasta encontrar lo que quiere. No es una forma de desplazarse muy eficiente, pero resulta útil en estos casos. Estos pelos también funcionan como una especie de velcro en algunas superficies, como las rocas o nuestros propios órganos, asegurándoles la conquista, así que poca broma.

Y aquí entra en juego otro complemento de la bacteria clave para ella, pero para nosotros mucho más, los famosos pili sexuales. Por el nombre, parece cualquier cosa, lo sé, los científicos somos así, pero se trata de pelos (de ahí lo de pili) huecos por dentro que las bacterias utilizan para transmitirse material genético entre ellas. Una de las cosas que se pueden transmitir son los plásmidos, de los que ya te he hablado, que contienen genes necesarios para volverlas resistentes a los antibióticos. Y, claro, cuando una es resistente quiere ayudar a las demás para que también lo sean; para ello, la bacteria extiende este pelo alrededor suyo con la esperanza de encontrar una compañera. Cuando la detecta, se pega a su superficie y este pelo se contrae, acercando a su compañera hacia sí misma, como cuando sacas a alguien a bailar. Una vez que están bien acopladas, empieza el traspaso de información: literalmente, por ese poro se intercambian material genético con toda la información necesaria para que el antibiótico que estés utilizando no les haga ni cosquillas. Una obra de ingeniería micrométrica fabricada al detalle con el fin de convertirse en una comunidad indestructible.

Así, en resumen, te puedes imaginar una bacteria como un coco cuyo centro contiene toda la información, rodeado por un líquido lleno de pequeñas bolitas que no paran de tejer proteínas, y ese líquido limitado por una capa de grasa que lo separa de lo demás, como la parte blanca del coco. Y, siguiendo hacia fuera, también tienen una especie de costra rodeada de colas (flagelos) o pelos (pili), que les dan funciones extra en un mundo de gigantes. Literalmente como un coco, vamos.

LA (NO) CLASIFICACIÓN DE LAS BACTERIAS Y SU ARMA DE SUPERVIVENCIA

Mira, no te voy a hacer pasar por lo que pasé yo aquel 2014 en la carrera estudiando la clasificación de las bacterias porque realmente es infumable. Hay decenas de formas de clasificarlas: según sus genes, lo que metabolizan, dónde viven, sus funciones... Para volvernos locos. Así que te voy a dar una visión general de todo lo que pueden hacer las bacterias y, si quieres profundizar, te vas al *Brock* (la biblia de la microbiología) y le das caña.

Existen bacterias que hacen la fotosíntesis, como ya has leído antes. Las más famosas son las cianobacterias, un grupo supergrande y muy heterogéneo. Fueron los primeros organismos del mundo en aprovechar la luz solar para obtener energía y generar el oxígeno que ahora respiramos. Actualmente, las bacterias *Synechococcus* y *Prochlorococcus* son los organismos fotosintéticos más abundantes en el mar y son responsables del 80 % de la fotosíntesis marina y del 35 % de toda la actividad fotosintética en la Tierra. Son unas verdaderas oxigenadoras.

También las hay que utilizan el azufre, el nitrógeno, el hierro, el hidrógeno o el metano para su metabolismo y casi cualquier cosa que te imagines, porque hay una diversidad inmensa de bacterias y todas cumplen un papel fundamental a la hora de mantener la Tierra como la conocemos y alimentar a otros organismos con sus productos para mantener la cadena trófica.

Las bacterias viven en ambientes con una temperatura muy distinta, algunas son auténticas salvajes. La temperatura es uno de los factores más determinantes de la vida, aunque nosotros solo la miramos de vez en cuando por si va a hacer más calor o menos. Cuando sube, la velocidad de las reacciones químicas aumenta y el crecimiento se acelera, pero, a partir de una temperatura determinada, las proteínas y las membranas celulares se derriten y pierden su función de forma irreversible. Es como cuando pones un líquido caliente dentro de un táper de plástico (NO LO HAGAS NUNCA): el plástico se funde y eso ya no hay quien lo arregle.

Los humanos vivimos en la superficie de la Tierra, donde generalmente la temperatura es moderada. Sin embargo, en el mundo microbiano, encontramos ecosistemas con vida desde 4 °C hasta 106 °C; hay bacterias capaces de vivir en lo más profundo de la Antártida o en fuentes hidrotermales donde el agua está hirviendo, literalmente.

Quizá estés pensando en esa madre que hierve los biberones para *esterilizarlos*, y con razón. Realmente, así se eliminan muchas bacterias, pero, para dejar algo estéril, hay que aplicar presión y mayor temperatura que la de una olla hirviendo. Las bacterias adaptadas a altas temperaturas tienen unas proteínas mucho más estables, y no porque su composición sea muy distinta, sino por la colocación estratégica de los aminoácidos, que forman una estructura mucho más sólida.

También existen bacterias que viven en ambientes muy ácidos o muy básicos, donde el pH es extremo, o en lugares donde la concentración salina es tan alta que nosotros nos secaríamos como pasas, como cuando se seca el pescado en sal (y desprende ese olor tan llamativo). Y las hay que viven en ambientes con oxígeno o sin él, o las que soportan radiaciones que ningún otro organismo podría soportar.

El mundo bacteriano es tan enorme que te prometo que es imposible abarcarlo en un libro como este, pero ahora ya tienes una idea de que hay bacterias en absolutamente todos los lugares y capaces de hacer casi cualquier cosa.

Algo que tienen en común muchas de ellas y que las hace tan invencibles es su capacidad de formar endosporas. Estoy segura de que alguna vez has oído hablar de esto, porque en el mundo científico es algo que se tiene muy en cuenta cuando intentamos trabajar en un ambiente estéril.

Muchas bacterias grampositivas (las que tienen solo una capa por fuera) son capaces de transformarse temporalmente en una estructura hiperresistente al calor, a la radiación, a desinfectantes químicos y a la desecación: las endosporas. Algunas de ellas han aguantado viables más de cien mil años, una locura. Y una vez que consideran que las condiciones son las adecuadas para volver a ser bacterias, como si de una mariposa se tratase, salen de su *capullo* y se ponen al lío.

Debido a que un número considerable de bacterias patógenas son capaces de formar endosporas y a la resistencia de estas, la industria alimentaria y médica ha puesto el foco en ellas. Vamos, que dan muchísimo follón porque son difíciles de eliminar. Y, como te comentaba antes, para esterilizar algo de verdad, se deben aplicar presión y temperaturas altas con el fin de acabar con estas endosporas y que, cuando vayas a comerte la comida o usar un bisturí, la bacteria no infecte todo aquello que se encuentre.

En definitiva, como ves, el mundo de las bacterias es mucho más inmenso que el nuestro y, debido a ello, son una herramienta clave en el desarrollo de terapias, productos o tratamientos, e incluso en el diagnóstico de enfermedades. De todo esto te voy a hablar en los siguientes capítulos para que nunca más pienses en ellas como en simples patógenos, pero, antes de nada, veamos cómo fue nuestra primera cita con las bacterias y los apaños que teníamos que hacer como especie para sobrevivir a sus infecciones.

CAPÍTULO 3

•••

¿CÓMO LUCHABAN ANTIGUAMENTE CONTRA LAS BACTERIAS?

Esta pregunta es muy pertinente, ya que ahora mismo disponemos de muchísimas formas para luchar contra las bacterias, pero ¿cómo lo hacían hace quinientos, doscientos o cien años? Para averiguarlo, te voy a llevar a un viaje en el tiempo en el que nos adentraremos en los laboratorios de los científicos de la época y así veremos cómo trabajaban, cómo hacían descubrimientos y cuáles eran las armas que utilizaban para no morir en el intento. Te aseguro que te vas a sorprender, pues, no se sabe muy bien por qué, las casualidades en la ciencia muchas veces son un punto de inflexión. Solo debe ocurrir algo en el lugar adecuado delante de una científica o científico que sea capaz de darse cuenta de ello y extraer información valiosa. De los errores se aprende, y mucho; si no, que se lo digan a Fleming.

Antes de hablar de este descubrimiento que cambió la vida de todos, vamos a ponernos en situación. Nos encontramos allá por el siglo XIX, cuando no se sabía ni que existían las bacterias y se creía que la gente moría por un mal, por acción de Dios o por cualquier otra idea. Obviamente, al igual que ahora, había bacterias por doquier, pero las medidas higiénicas no eran las mismas, lo que promovía aún más las infecciones.

Me hacen gracia las personas negacionistas de las duchas y los lavados de manos cuando dicen: «Antiguamente, nadie se lavaba tanto y sobrevivieron» o «En las tribus, no usan jabón y no les pasa nada, míralos». Mi cabeza mientras tanto piensa: «Cariño mío, antes quien pasaba de los cuarenta años ya era un afortunado. Si supieras realmente las muertes por infecciones que hay en lugares donde no se siguen medidas higiénicas, no dirías eso». Pero es que la ignorancia es muy atrevida y hay quien dice auténticas barbaridades solo por excusar su repulsa al agua y el jabón.

Entre 1803 y 1805, las epidemias de enfermedades infecciosas, junto con el hambre, hacían que muriese más gente que en la guerra de la Independencia en España, que acabó con decenas de miles de personas. La peste, el paludismo, el tifus, la fiebre amarilla o el cólera mataban a miles de personas cada año en nuestro país, con pocas armas o ninguna con las que luchar, así que era una guerra perdida antes de que empezara por falta de medios y conocimientos. Estas infecciones se debían a problemas de alimentación, una higiene escasa y una salud pública pésima, junto con un progreso médico insuficiente y tardío, que provocaba que la gente muriese en cualquier lugar, sin oportunidad siquiera de que la viese un facultativo.

No hace mucho, mi abuela Ana me contó una historia que me estremeció y que evidencia el rápido desarrollo que ha habido estos últimos años. Como es lógico, no nació en el siglo XIX, sino en 1948 mientras su madre recogía aceituna en un campo de Córdoba, una época bastante complicada en España y, bueno, por qué no decirlo, en un entorno no muy similar al de ahora en lo que respecta al nacimiento de los bebés. En aquella época, los niños y los jóvenes caían como moscas.

Ellos vivían en una aldea en medio de la sierra de Baza, perdida de la mano de Dios (esto lo sé porque aún conservamos la casa), y su hermana mayor, con la que se lleva veinte años y que por aquel entonces tenía quince, casi muere de tifus. Quizá otra familia hubiese rezado a la espera de que se curase milagrosamente, pero mi bisabuelo decidió actuar y, con su burra, recorrió decenas de kilómetros hasta un pueblo donde se sabía que había un médico reconocido en la época.

Mi bisabuelo le ofreció todo lo que tenía para que fuese a ver a su hija e intentase curarla de cualquier forma, y lo consiguió. Unas horas después, el médico llegó a la casa de mi bisabuela y exploró a mi tita Consuelo. Según me contó mi abuela de lo que recordaba que le había contado su madre, el médico dijo que le iba a poner una inyección de algo y que había gente a la que le funcionaba y otra a la que no, pero que no podía hacer otra cosa. Tras unos días de puro sufrimiento, mi tita fue recuperando la energía y el habla y volvió a comer. Gracias a ese padre preocupado y a ese médico implicado en su trabajo con los pocos medios de que disponía, mi tita pudo tener una vida plena hasta los ochenta y pico años.

Así funcionaba el mundo hace poco más de setenta años, cuando la vida era igual de valiosa que ahora, pero la muerte estaba mucho más presente en el día a día.

Sin embargo, vamos a irnos mucho más atrás, cuando lo que les pasaba a las personas no tenía nombre y los científicos y los médicos se tiraban de los pelos intentando averiguar qué era.

AUNQUE NO LAS VEAS, EXISTEN: EL DESCUBRIMIENTO DE LAS BACTERIAS

Hay que tener en cuenta que, a lo largo de los años, han existido muchísimas civilizaciones a la vez, con sus tradiciones y estudios, como, por ejemplo, la medicina china, pero, para no volvernos locos, me centraré en la historia occidental.

Hacia el siglo V a. C. Hipócrates propuso una teoría sobre el funcionamiento del cuerpo humano y el origen de las enfermedades de lo más curiosa: la teoría humoral, que se mantuvo nada más y nada menos hasta el siglo XVII. Debió de resultar bastante convincente para durar tantos años, aunque también he de decir que, con tantas guerras y problemas, la investigación en general estaba muy abandonada. Básicamente, esta teoría decía que el cuerpo humano estaba compuesto por cuatro líquidos básicos o humores que debían estar en equilibrio y que la aparición de enfermedades se debía al exceso o al déficit de alguno de ellos. Estos fluidos eran la sangre, la bilis negra, la bilis amarilla y las flemas, que se relacionaban con los cuatro elementos: el fuego, el aire, el agua y la tierra.

Como ves, los griegos iban mal encaminados en cuanto a las enfermedades infecciosas, pero hacer una correlación con algo cuya existencia desconoces, evidentemente, es complicado. Aun así, en torno al año 40 a. C., el autor romano Lucrecio ya afirmaba que las afecciones las causaban criaturas invisibles, pero nadie lo escuchó; seguro que lo tomaron por loco.

Alrededor de 1670, apareció otra teoría de lo más interesante de la mano de Thomas Sydenham, que decía que las dolencias se debían a las emanaciones fétidas de los suelos y de las aguas impuras: la teoría miasmática. Y, ojo, porque aquí ya nos acercamos al origen de las infecciones: los vapores y aguas contaminados con miles de bacterias, virus y hongos. Esto explicaba perfectamente por qué las epidemias eran más comunes en los barrios más pobres, llenos de suciedad y olores insoportables.

En la misma época, un comerciante neerlandés, Anton van Leeuwenhoek, con una melena rizada envidiable, publicó la primera observación precisa y extensa de microorganismos vistos al microscopio. Como entenderás, no contaba con instrumentos muy complejos, pero esas criaturas vivas de las que se hablaba en Roma se hicieron visibles, lo que provocó un cambio de paradigma, aunque no en ese momento, sino doscientos años después.

Para avanzar, hacían falta técnicas que no surgieron hasta que se propuso una de las teorías más polémicas de la historia de la microbiología: la generación espontánea. Como siempre, con tal de derrotar al otro en un debate, uno es capaz de mover cielo y tierra. Esta teoría no está relacionada con el origen de las enfermedades, sino con la aparición de organismos en la comida podrida, como gusanos, moscas o moho. Porque, al igual que tú te encuentras ahora moho en el pan de molde de hace dos semanas, en aquella época, cuando dejaban un filete de carne en cualquier sitio, varios días después, ahí había bichos, manchas verdes y de todo. Y ¿de dónde venían todos esos organismos? Pues pensaban que aparecían sin más, como por arte de magia.

Claro, con la publicación de los resultados de las observaciones de microorganismos de Robert Hooke (un científico inglés, considerado uno de los científicos experimentales más importantes de la historia de la ciencia), los médicos y científicos contrarios a esta teoría pensaban que ya tenían la prueba necesaria para refutarla y dijeron: «¿Veis como no es cosa de magia? En la comida hay bacterias y organismos que aparecen con el tiempo que no somos capaces de ver». Bueno, no estoy segura de que dijeran eso en concreto, pero aquellos que defendían la generación espontánea a muerte, como el sacerdote John Needham, se pusieron a hacer experimentos a tope para demostrar que las bacterias también aparecían espontáneamente. Total, que se tiraron casi doscientos años así, publicando experimentos que demostraban una teoría y la contraria, hasta que llegó el científico francés Louis Pasteur a poner orden en 1860.

No obstante, esos doscientos años de investigación por parte de ambos bandos, aunque fue lenta, permitió avanzar en muchas técnicas. Así, Pasteur y John Tyndall, físico irlandés, encontraron la forma definitiva de demostrar que en todas partes siempre hay bacterias y que, si mantienes un fluido o cualquier otra cosa en un lugar estéril protegido del exterior, no surge nada por generación espontánea, pues has matado las bacterias, hongos o esporas que había ahí.

DATO CURIOSO
La pasteurización

Como intuirás, el nombre de «pasteurización» viene de Pasteur, el hombre que descubrió la técnica, o más bien que la desarrolló, pues una técnica se trabaja y se crea. Pasteur se encontraba tranquilamente en su laboratorio cuando le llegó un aviso de Napoleón III en el que le pedía que investigara por qué el vino se agriaba con el tiempo. En teoría, Napoleón lo hacía por la industria francesa del vino, pero algún interés personal tendría. Pasteur le dijo que eso ocurría porque en el vino había una bacteria que generaba ácido acético y provocaba ese sabor tan desagradable.

Para buscarle una solución a Napoleón, Pasteur pensó en calentar a altas temperaturas el vino sellado y así matar la bacteria, pero, claro, el calor se cargaba el sabor del vino, pues destruía muchas de las moléculas. Haciendo pruebas día tras día, descubrió que calentando el vino entre 55 °C y 60 °C había menos bacterias y el sabor no se arruinaba. De este proceso nació la pasteurización, que ha salvado millones de vidas en todo el mundo.

El trabajo de Pasteur fue el principio de una nueva era en la ciencia conocida como «Edad de Oro de la Microbiología». Si bien se tardó doscientos años en aceptar la existencia de las bacterias y su implicación en el día a día de las personas, a partir de estos descubrimientos, en tan solo cincuenta años se hallaron varios organismos que provocaban enfermedades, se hicieron grandes avances en la comprensión del funcionamiento de las bacterias y se mejoraron las técnicas para estudiarlas y analizarlas. Esto fue clave, porque los científicos supieron ver la importancia de la inmunidad en la prevención de las enfermedades y en el control de las bacterias; el conocimiento del enemigo permitió desarrollar vacunas y técnicas para prevenir las infecciones.

En este momento, la teoría de los humores y la miasmática empezaron a perder fuerza y, por fin, consiguieron su reconocimiento todos los investigadores que habían dicho que las enfermedades las ocasionaban organismos vivos que no podíamos ver. La teoría microbiana la confirmó un cirujano inglés, Joseph Lister, que, inspirado por Pasteur, desarrolló un sistema de cirugía antiséptica para evitar que los microorganismos entraran en las heridas cuando operaba; algo que hoy en día vemos muy normal, pero que en aquel momento no estaba ni aceptado. De hecho, llegaron a despedir a aquellos médicos que pedían a sus compañeros que se lavaran las manos entre paciente y paciente, como si fueran unos exagerados y unos locos, pero de esto te hablaré más adelante.

Este cirujano, ya en 1867, esterilizaba los instrumentos mediante calor y trataba los vendajes quirúrgicos con fenol, que a veces también se utilizaba a modo de espray sobre la zona que se iba a operar. Su método, como era de esperar, tuvo muchísimo éxito y Lister transformó la cirugía al publicar sus resultados, además de confirmar de forma indirecta que los microorganismos podían provocar enfermedades.

Las pruebas de este cirujano despertaron el interés de Robert Koch, cuyo nombre seguro que te suena si has pasado la pandemia al lado de algún conspiranoico. Lo que hizo este médico alemán fue comprobar con ratones en su laboratorio, de forma consciente y directa, que los microorganismos eran la causa de muchas enfermedades. No voy a entrar en detalles de la experimentación, pero sí que me gustaría dejarte por aquí los postulados que lo hicieron merecedor del Premio Nobel de Medicina en 1905 y se convirtieron en la piedra angular de la relación de muchas enfermedades con sus agentes infecciosos. Por cierto, se jugó el pellejo, porque lo hizo con la bacteria *Mycobacterium tuberculosis*.

Eso sí, como todo en la vida, nada es perfecto y sus postulados tenían un problema. Hay microorganismos que no se pueden aislar en cultivos puros y no todos causan los mismos síntomas. Así que los conspiranoicos llevaban razón cuando decían que la COVID-19 no cumplía los postulados de Koch, pero es que estos se corrigieron pocos años después porque existen muchos microorganismos que no los cumplen, como la bacteria causante de la lepra, y no por eso vamos a decir que la lepra es un invento de los Gobiernos para controlarnos a todos. ¡Ay, señor!

CÓMO LUCHAR SIN CONOCER AL ENEMIGO: LAS PRIMERAS MEDIDAS CONTRA LAS AÚN DESCONOCIDAS BACTERIAS

Las bacterias provocan muchísimas enfermedades, como tuberculosis, botulismo, cólera, salmonelosis, sífilis, infecciones (por *Escherichia coli*), lepra, meningitis, gonorrea, tosferina, neumonías graves, peste y una larga lista, que han acabado con decenas de millones de vidas a lo largo de nuestra historia.

Ahora que ya sabes cómo se descubrieron las bacterias, me gustaría que viajáramos al momento previo a la confirmación de la teoría microbiana, cuando aún se pensaba que las enfermedades se debían a la acción divina, a tener los líquidos desequilibrados o a los vapores de la calle.

Como si de brujería se tratara, antes de esta teoría, nacieron dos herramientas clave para salvar millones de vidas, y que siguen existiendo hoy: las vacunas y los productos antisépticos, los desinfectantes. En ninguno de los dos casos se sabía qué organismo estaba ocasionando los problemas, aunque algo se intuía, claro. Aquí es cuando interviene la capacidad de observación y de análisis de muchos científicos, que ven cosas que la mayoría pasa por alto y que saben encontrar una salida cuando algo no cuadra. Y aunque a veces se diga que estos dos descubrimientos fueron puro azar, pues dudo mucho que alguien tuviese tanta suerte.

En torno a 1770, la viruela causaba muchísimas muertes, y esto inquietaba a Edward Jenner, un reconocido médico inglés. Un día, visitó una granja de vacas y una de las mujeres que ordeñaban le contó que no sabía por qué, pero que ninguna de sus compañeras ni ella habían sufrido nunca la grave enfermedad de la viruela, que parecía que aquello de ordeñar las protegía. La mayoría de ellas, como mucho, habían tenido algunas heridas en las manos típicas de la viruela, pero algo muy leve que ni siquiera les impedía trabajar, muy diferente a la versión de la enfermedad que acababa con la vida de las personas. Lo que estaba ocurriendo era que las ordeñadoras sufrían la viruela, pero la de la vaca, que además las volvía resistentes a la humana.

Jenner tomó una muestra de la mano de una de esas mujeres y se la inyectó al primer niño que se encontró por el camino: un joven de quince años, con el que experimentaría para saber si lo que había en las heridas de las ordeñadoras le provocaría la enfermedad. Y resultó que ese niño, a pesar de estar en contacto directo con enfermos de viruela humana, nunca enfermó. Así nació la primera vacuna de la historia.

En este momento, la peña perdió la cabeza. Tachaban de loco a Jenner y decían que iba a causar que a la gente le saliesen partes de vaca por el cuerpo. Lo echaron del trabajo y lo siguieron criticando durante más de veinte años, hasta que llegó Napoleón y dijo: «Yo creo en este tío, quiero que vacunen a todo mi ejército». Jenner, al contrario que otros, recibió su merecido reconocimiento y siempre se recordará como el padre de las vacunas, tanto de virus como de bacterias. Porque, a pesar de que esta fue contra un virus, el procedimiento es el mismo para una bacteria y la inmunización resulta igual de eficaz.

Más o menos por la misma época, pero en otra ciudad, se encontraba Ignaz Philipp Semmelweis, un médico preocupado por la gran mortalidad de las parturientas en el hospital donde trabajaba. En aquella época, ya había publicaciones científicas que recomendaban lavarse las manos tras asistir a una madre en el parto que tuviese fiebre antes de atender a la siguiente, algo que hoy vemos fundamental, pero que entonces no estaba asentado, lo que provocaba que casi el 30 % de las mujeres que daban a luz muriesen.

Veinte años después de estos primeros estudios, Semmelweis seguía observando una mortalidad exagerada y fuera de lo común en las parturientas de una de las dos salas del hospital: entre 1841 y 1846, alcanzaba entre el 13 y el 17 %; mientras que en la otra no superaba el 1,5 %. Preocupado por este valor, comenzó a estudiar las diferencias entre ambas. Te voy a poner en su lugar para que intentes averiguar tú qué pasaba teniendo los siguientes datos:

SALA 1: Mujeres atendidas por estudiantes de Medicina.

SALA 2: Mujeres atendidas en su mayoría por matronas experimentadas.

Seguro que lo primero que piensas es que los estudiantes la liaban por falta de experiencia. Probablemente, eso es lo que creían la mayoría de los trabajadores de ese hospital, pero nada más lejos de la realidad.

Un día que este médico estaba observando el panorama, se dio cuenta de que la mayoría de las mujeres que atendieron un grupo de estudiantes que entraron en la sala 2 murieron a las pocas horas de parir. Así, había una cosa clara: la culpa era de los estudiantes, pero no por su experiencia, sino por algo que transportaban desde el laboratorio hasta el paritorio. Porque, ojo, las prácticas médicas se hacen con cadáveres, y aquí estaba la clave.

Semmelweis pidió a los estudiantes que se lavasen las manos antes de entrar a los paritorios, pero los médicos de allí lo tomaron por loco. Ya ves tú lo que se tarda en hacerlo, pero ni por esas. Era mucho más fácil echarles la bronca a los estudiantes y expulsarlos por ser unos brutos trabajando (especialmente a los extranjeros), y quitarse así la responsabilidad de encima. Como es obvio, esto no resolvió el problema.

Casualidades de la vida, o pura probabilidad, un día uno de los profesores de Anatomía se hizo una herida durante una disección y murió con los mismos síntomas que las parturientas. Ahí la conclusión fue clara: la causa de la enfermedad eran los fluidos de los cadáveres, por lo que había que lavarse las manos. Tiene bemoles la cosa, que se tuviera que morir uno del gremio para que los demás cayesen del burro y por fin hiciesen caso a Semmelweis, agotado de intentarlo.

Cuando se aceptó su teoría, Semmelweis diseñó una disolución con cloruro cálcico para que todos los estudiantes que hubiesen estado con cadáveres o enfermos, ese mismo día o el anterior, se lavaran las manos antes de trabajar. La mortalidad de las parturientas descendió a un 0,23 %, una auténtica locura si pensamos que se partía del 96 %. Y dirás: «Vaya máquina, por fin lo reconocieron». Pues no, ni por esas; al contrario, lo acusaron de manipular las estadísticas y siguieron ignorando sus indicaciones, lo que provocó de nuevo un aumento de mortalidad. Debido a ello, este médico acabó sufriendo una grave depresión y problemas de salud mental que lo llevaron a la muerte sin ser reconocido como el creador del primer antiséptico de la historia.

En general, antes de la teoría microbiana, la muerte por cualquier fiebre o enfermedad estaba muy asumida, y pocas armas había para luchar contra ello, ya que se desconocía la existencia de los microorganismos. Así que la gente se limita-

DATO CURIOSO
Las máscaras de la peste

En el año 1800, la epidemia de la peste golpeaba con fuerza en toda Europa y los médicos se las ingeniaron para evitar enfermar. Seguramente te suene la famosa máscara picuda que utilizaban muchos de ellos pensando que así purificaban el aire (ese aire intoxicado que desequilibraría los líquidos). Además, ofrecían a los enfermos de peste brebajes protectores y antídotos basados en invenciones propias, prácticamente sin evidencia. La pena es que los propios colegas señalaban a los pocos que conseguían avanzar en la prevención de las enfermedades infecciosas, por lo que la sociedad de la época lo tenía muy crudo para sobrevivir.

ba a utilizar brebajes *mágicos* o mezclas de muchísimas plantas con la esperanza de que funcionaran.

LA ESTRATEGIA QUE CAMBIÓ EL MUNDO: LOS ANTIBIÓTICOS

Antes de contarte la típica historia de Fleming y su descubrimiento de la penicilina, tengo que decir que muchos otros antes que él ya eliminaban bacterias sin dañar las células humanas. (Todo esto, claro, después de que se aceptara la teoría microbiana, que demostraba que muchas de las enfermedades se producían por la presencia de microorganismos patógenos.)

Por ejemplo, la quimioterapia (el tratamiento de enfermedades con fármacos químicos) empezó gracias a Paul Ehrlich, un médico alemán al que le flipaban los colorantes que utilizaban los microbiólogos para ver mejor las bacterias al microscopio. Como los tintes no teñían las células humanas, Ehrlich pensó que algunos de los compuestos de estos tintes servirían para matar bacterias sin afectar a las células humanas. Junto con un compañero japonés, Kiyoshi Shiga, se puso a investigar y descubrió que en los tintes había compuestos que mataban las bacterias que provocaban sífilis a conejos. Esos compuestos llegaron a comercializarse como medicamento conta la sífilis bajo el nombre de Salvarsán. Era la primera piedra en el camino al descubrimiento de cientos de compuestos terapéuticos antimicrobianos.

Volviendo a la penicilina, quizá te sorprenda saber que, antes de que llegase Fleming, ya la había descubierto en 1896 un estudiante de Medicina francés de veintiún años, Ernest Duchesne. Lo que pasa es que, como siempre, a los estudiantes no se los suele escuchar y su trabajo quedó en el olvido hasta que Fleming se encontró de nuevo con este hongo por accidente y le sacó todo su potencial.

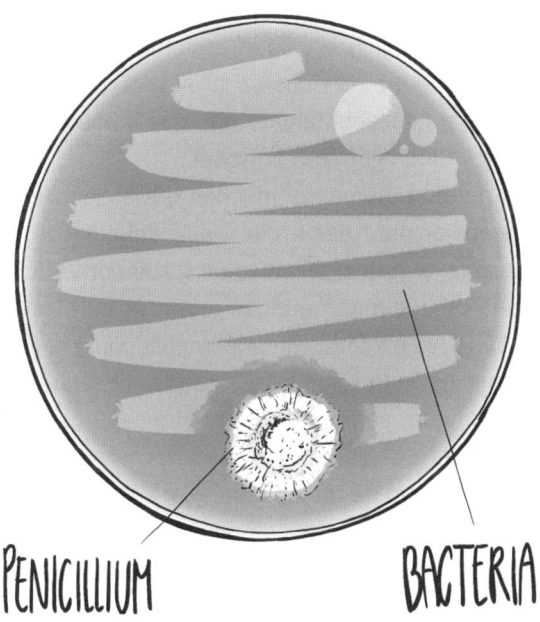

PENICILLIUM   BACTERIA

Figura 8. Una placa con el hongo de la penicilina

Un viernes de 1928, Fleming dejó preparadas varias placas de *Staphylococcus* (un tipo de bacteria) para que creciesen y, así, estudiarlas. Cuando volvió el lunes, se dio cuenta de que una de ellas se había contaminado con un hongo y, alrededor de él, no había crecido ni una sola bacteria, lo que lo llevó a pensar que el hongo producía alguna sustancia que evitaba el crecimiento de las bacterias. Posteriormente, consiguió extraer esta sustancia de cultivos líquidos y demostró que era capaz de matar a muchas bacterias, incluyendo la *Staphylococcus aureus*, famosa en la época por ocasionar infecciones en la piel.

No obstante, este hombre, como la mayoría de los que hemos mencionado en este capítulo, no fue capaz de aislarla, por lo que no pudo demostrar que la penicilina sirviese para tratar a seres vivos, y abandonó la investigación.

Diez años después, un grupo de científicos de Oxford, inspirados por el trabajo de Fleming, diseñaron un procedimiento para purificar la penicilina y se la inyectaron a varios ratones infectados. Como era de esperar, la mayoría de ellos sobrevivieron. Este gran descubrimiento hizo que, años después, Fleming, Florey y Chain ganaran el Nobel.

A partir de este momento, muchos otros científicos se pusieron a trabajar para desarrollar más antibióticos, como la estreptomicina, el primer fármaco en tratar con éxito la tuberculosis, una de las enfermedades que más personas ha matado. En 1953, ya se conocían sustancias como el cloranfenicol, la neomicina, la terramicina y la tetraciclina, que seguimos utilizando, aunque, como en aquel entonces, no están al alcance de todos.

Si bien la mayoría de las epidemias de nuestra historia las han causado virus, en lo que no voy a entrar, pues no es el tema de este libro, hubo una importante que sí fue ocasionada por una bacteria: la tosferina. Cuando Fleming aún no había descubierto la penicilina, otros investigadores buscaban

DATO CURIOSO
¿Cómo mata la penicilina a la bacteria?

La penicilina comenzó a utilizarse de forma generalizada después de la segunda guerra mundial y era activa principalmente contra bacterias grampositivas (las que no tienen doble pared) porque entraba en su interior. Y digo «era» porque ahora algunos fármacos, como la amoxicilina, son derivados de la penicilina con modificaciones para que también sean capaces de entrar en las gramnegativas. Una vez que lo hacen, bloquean la formación de pared celular, sin la cual las bacterias no pueden vivir, así que, cuando van a dividirse, como el proceso de fabricación de una pared para la hija está bloqueado, la infección no puede continuar. Realmente, más que matar la bacteria, impiden que se reproduzca. Esto es suficiente para darle margen de maniobra al sistema inmunitario con el fin de que acabe con todas las bacterias que queden.

vacunas frente a las bacterias inspirados por trabajos como el de Pasteur con la vacuna de la rabia. En 1914, se autorizó la primera vacuna contra la tosferina en Estados Unidos, que es la que hoy ponemos a los más pequeños junto con la del tétanos y la difteria. Esta vacuna sigue siendo necesaria después de tantos años porque, al contrario que los virus, que son parásitos obligados (es decir, que necesitan invadir un organismo para poder reproducirse), las bacterias que ocasionan estas enfermedades pueden vivir en otros medios y animales y son prácticamente imposibles de erradicar. Por ello, es importante mantener la vacunación, en especial en estos casos.

No obstante, aunque hoy en día utilizamos vacunas frente a las bacterias, por ejemplo, contra la infección meningocócica o la neumocócica, la mayoría de los tratamientos son antibióticos. Esto se debe a su eficacia y a que, al igual que ocurre con los virus, es imposible tener vacunas para todas las bacterias que existen y nos pueden infectar.

Volviendo a la historia de mi abuela y su hermana con tifus, me gustaría destacar que, en aquella época, si bien en Estados Unidos ya administraban vacunas y fármacos para luchar contra muchas infecciones, en España la guerra civil sin duda había tenido mucho impacto en el progreso de la lucha contra las bacterias. Así, durante la posguerra hubo una crisis sanitaria conducida por la difteria, el paludismo, la viruela y el tifus exantemático, muy probablemente lo que padeció mi tita Consuelo. El problema venía de la escasez de recursos, las malas condiciones de vida, una mala organización asistencial impuesta por la guerra civil y las carencias alimentarias (mi abuela me contó que, cuando recogían las patatas, las guardaban debajo de las camas para ir tirando todo el año, muy probablemente acompañadas con algo de carne de caza y poco más).

Entre el año 1941 y el 1942, se registraron más de dieciséis mil muertes por tifus en nuestro país, que se transmitía a través de los piojos y era una enfermedad difícil de afrontar, porque, al contrario que otras bacterias, las del género *Rickettsia* no se veían fácilmente al microscopio debido a su diminuto tamaño y a que, normalmente, están dentro de las células. Esto hacía mucho más difícil la investigación, ya que no se podían cultivar en el laboratorio (lo que no significaba que no existiera, aunque Koch opinase lo contrario).

Ante esta situación, varios científicos españoles se pusieron en marcha para buscar una vacuna eficaz contra esta enfermedad y ayudaron a avanzar en la investigación, que se completó más adelante en Estados Unidos. Y, aunque se llegaron a producir vacunas con cepas de estas bacterias menos agresivas propuestas por españoles, las dudas sobre su posible reconversión a patógena y otros problemas referentes a su seguridad provocaron que se prescindiese de ellas.

Así que no sé muy bien qué le inyectó aquel médico a mi tita Consuelo para que superara la enfermedad. Tal vez ninguna vacuna ni nada similar, quizá un conjunto de hierbas infusionadas o unas vitaminas, pero seguro que todas estas investigaciones que se hicieron y se publicaron ayudaron a que ese médico tomase una decisión y le salvara la vida.

CAPÍTULO 4

LA YA FAMOSA MICROBIOTA

Hace diez años, si te llegan a decir la palabra *microbiota*, seguramente te hubiese sonado a chino. De hecho, hasta en mi carrera se nombraba poco, pero ya se empezaba a oír hablar de investigaciones más profundas sobre la microbiota y el papel que desempeña en muchas enfermedades. Sin embargo, ya sea por una cosa u otra, hoy las personas conocen este término y cada vez más son conscientes de que es el único órgano de nuestro cuerpo formado por células que no son propias. (Sí, algunos científicos lo consideran ya como un órgano debido al aumento de pruebas de su importancia y de las distintas implicaciones que tiene en el correcto funcionamiento de nuestro cuerpo.)

Evidentemente, nuestras madres ya sabían algo de la microbiota cuando nos daban la famosa Ultralevura si teníamos diarrea o tomábamos antibióticos, aunque en aquel momento se conocía más como «flora intestinal». Aunque muchas nos lo daban sin ser muy conscientes de qué era exactamente, sabían que hacía que el intestino se pusiera bien, que volviese a la normalidad. Algunas marcas de yogures también han machacado, y mucho, este concepto en anuncios, hasta el punto de convencer a la ciudadanía de que sus productos hacen aquello que dicen, pero no voy a entrar en eso ahora mismo (aunque más adelante sí).

Hoy en día, la cantidad de información que hay de la microbiota es tal que nos resulta casi imposible de asimilar y ya no sabemos muy bien qué es bueno para ella o qué es malo, ni qué pasa con la de los bebés o la de los mayores. Que si probióticos, prebióticos, posbióticos..., hay toda una ristra de productos en la farmacia que parece que vayan a solucionar todos tus problemas, pero como debes intuir no es así.

En este capítulo, quiero que comprendas bien qué es la microbiota y sus implicaciones en nuestra salud según la evidencia científica actual. Para ello, es importante todo lo que has aprendido hasta ahora de las bacterias, porque, al fin y al cabo, son la base de esta famosa microbiota, que comienza cuando nacemos y no deja de cambiar hasta que morimos. Debo reconocer que este tema es uno de los que más me apasiona y espero que a ti también.

EMPECEMOS POR EL PRINCIPIO
¿QUÉ ES LA MICROBIOTA?

Esto tienes que imaginártelo desde ya como una relación, literalmente. Aquí hay dos interesados que quieren estar juntos por lo que uno le aporta al otro. En el mundo de los humanos y los animales, las bacterias siempre han existido. Fueron las primeras en llegar y, si colonizan el suelo, el mar e incluso las nubes, nuestro cuerpo no iba a ser menos. Creo que son las reinas del planeta, sin ninguna duda.

Por un lado, están las bacterias, que contribuyen, junto con otros microorganismos, a la salud y el bienestar del ser humano al aportar productos microbianos beneficiosos o bloquear el crecimiento de microorganismos peligrosos. Por el otro, estamos nosotros, que actuamos como hospedadores ofreciendo microambientes que permiten que estas bacterias crezcan y nos empiecen a colonizar desde que nacemos (o incluso un poco antes).

En definitiva, la microbiota es el conjunto de microorganismos que tienes en tu cuerpo desde la cabeza hasta los pies, porque prácticamente todo lo que está en contacto con el exterior, de una forma u otra, tiene su propia microbiota. Y no solo la forman bacterias (aunque sean mayoría), también virus, hongos, arqueas e incluso parásitos; todos ellos se diferencian en tres tipos: comensales, mutualistas y patógenos. No obstante, al hablar de microbiota, solemos referirnos siempre a la buena, no a la patógena.

Cuando estamos en proceso de desarrollo en el útero de nuestra madre, nos encontramos en un ambiente completamente estéril, sin ninguna exposición a microorganismos, aunque hay científicos que defienden la existencia de una microbiota fetal simplificada, que puede estar relacionada con la microbiota materna de la piel y del tubo digestivo. Sin embargo, otros autores refutan estas afirmaciones argumentando que los hallazgos son producto de la contaminación producida cuando se maneja la muestra.

Lo que sí que está claro es que el importante paso de la colonización de nuestro cuerpo por las bacterias empieza cuando nuestra cabeza pasa por la vagina de nuestra madre. Enseguida, por contacto directo, quedan pegadas a la superficie de nuestra piel muchas especies de bacterias y hongos que viven en la vagina. Esto ya comienza a establecer lo que será nuestra microbiota, a la vez que vamos adquiriendo otros microorganismos por la cavidad bucal y el tubo digestivo a través de la alimentación (independientemente del tipo que sea) y de la exposición a todos los cuerpos por los que pasamos.

Esto no ocurre siempre, y menos en los últimos años, en los que se hacen más cesáreas a causa de ciertas complicaciones y el bebé no tiene la oportunidad de pasar por el canal vaginal. De todas formas, pocos minutos después estará en contacto directo con su madre y demás familiares, que le irán aportando más y más microbiota.

Hay estudios que han intentado correlacionar la mala salud de los peques que han nacido por cesárea con esa falta de microbiota inicial, en los que parecía indicar que había diferencias significativas respecto a los nacidos vaginalmente. En realidad, la evidencia actual no es suficiente para afirmar tal cosa, ya que la mayoría de estos estudios concluyen que, al año de vida, la microbiota de los niños tiende a igualarse, independientemente de su modo de nacimiento.

Un estudio del CSIC propuso ayudar a los bebés nacidos por cesárea a adquirir la microbiota con métodos tan sencillos como pasarles por la piel un algodón previamente pasado por la vagina de la madre. En los resultados, observaron que la microbiota adquirida por estos bebés era muy similar a la de los que pasaban por el canal del parto, así que puede ser una solución muy sencilla en el caso de que esto sea un problema real.

Una vez que tenemos esa microbiota intestinal, entramos en la fase en la que vamos adquiriendo bacterias y distintos microorganismos de aquí y de allá, y cada uno de nosotros acaba con un mosaico prácticamente único. En los primeros años de vida, va a depender de la alimentación del bebé, de la de la madre (si es lactante), de factores genéticos, del estilo de vida de la familia y de la localización geográfica; sí, además de un montón de genes, lo que diferencia a un español de un japonés también es la microbiota.

Otro factor importante para adquirir la microbiota es la lactancia materna. Muchas investigaciones han demostrado que el bebé no solo recibe nutrientes así, sino muchas más cosas, entre ellas bacterias. Pero no queda ahí el asunto: en la leche de la madre también se han observado moléculas que modulan la microbiota del bebé, junto con anticuerpos y factores antimicrobianos, para protegerlo de aquellas que son patógenas. Es un verdadero cóctel de ingredientes positivos para el niño que favorecen el crecimiento de bacterias buenas y bloquean el de las más dañinas.

Volviendo a esa relación de amor entre las bacterias y los seres humanos, quiero que seas consciente de que nosotros, además de ser una fuente de nutrientes y factores de crecimiento para las bacterias, les proporcionamos una casa con un pH estable y una temperatura y presión osmótica ideal. No obstante, no todas las zonas de nuestro cuerpo son iguales ni tienen el mismo pH ni composición, lo que propicia el crecimiento de ciertos microorganismos e impide el de otros; así, creamos distintas ciudades donde una bacteria puede vivir. Por ejemplo, mientras que la piel es un ambiente más seco que favorece el crecimiento de especies resistentes a la deshidratación, como estafilococos y estreptococos, el intestino grueso es un ambiente sin oxígeno propio de bacterias que no pueden estar en contacto con este bajo ningún concepto, como las del género *Bacteroides*.

Parte del cuerpo	Bacterias más comunes
Piel	*Acinetobacter, Corynebacterium, Enterobacter, Klebsiella, Micrococcus, Propionibacterium, Proteus, Pseudomonas, Staphylococcus, Streptococcus*
Boca	*Streptococcus, Lactobacillus, Fusobacterium, Veillonella, Corynebacterium, Neisseria, Actinomyces, Capnocytophaga, Eikenella, Prevotella*
Vías respiratorias	*Streptococcus, Staphylococcus, Corynebacterium, Neisseria, Haemophilus*
Tubo digestivo	*Lactobacillus, Streptococcus, Bacteroides, Bifidobacterium, Eubacterium, Peptococcus, Peptostreptococcus, Ruminococcus, Clostridium, Escherichia, Klebsiella, Proteus, Enterococcus, Staphylococcus, Methanobrevibacter, Proteobacteria, Actinobacteria, Fusobacteria*
Genitales	*Escherichia, Klebsiella, Proteus, Neisseria, Lactobacillus, Corynebacterium, Staphylococcus, Prevotella, Clostridium, Peptostreptococcus, Ureaplasma, Mycoplasma, Mycobacterium, Streptococcus*

DATO CURIOSO
La «peribiota»

Siempre oímos hablar sobre la microbiota, que son los microorganismos que llevamos encima, pero ¿sabes lo que es el peribioma? Es el conjunto de microorganismos que conviven contigo allá donde estés pero que no forman parte de ti, como las que se encuentran en tu casa, tu trabajo o el gimnasio, aunque en este último caso están todas las microbiotas de quienes hay allí.

Uno de los núcleos más potentes de peribioma se encuentra en los baños. Eso es un festival de bacterias, pero de los buenos, sobre todo si en casa sois de los que tiráis de la cadena con la tapa abierta. Con cada cascada de agua, se remueven miles y miles de bacterias que están en tu caca y salen volando hacia todos los rincones del baño, incluidos los cepillos de dientes, los peines, las esponjas de la ducha y todo lo que te imagines. Las bacterias son diminutas y no necesitan mucho para volar, así que, si quieres protegerte de aquellas potencialmente patógenas, cierra la tapa antes de tirar de la cadena, por tu bien y por el de tu familia.

Ahora que sabes con mayor detalle de qué se trata la microbiota, puede que te estés preguntando para qué sirve; si la mitad de nuestro peso son bacterias y están prácticamente en todo nuestro cuerpo, alguna función tienen que tener. Y, ojo, porque lo que nos parece obvio, hace unos años no lo era ni se tenía tan en cuenta como ahora, que se está observando que hay muchas enfermedades cuyo origen o desarrollo puede estar relacionado con el desequilibrio de estas poblaciones de bacterias.

Una de las funciones más importantes de la microbiota, que se conoce desde hace muchísimo tiempo, es la de protegernos frente a bacterias patógenas, que nos pueden provocar enfermedades, ya sea como barrera física, evitando que la patógena ocupe un espacio, como competidoras de recursos para alimentarse y sobrevivir o, en el caso de algunas cepas, con la producción de sustancias tóxicas que *repelen* las bacterias patógenas. Esto hace que muchos de los patógenos que ingerimos no puedan establecerse en nuestro intestino para infectarnos, por ejemplo, lo que muestra la importancia de la microbiota como escudo protector junto con nuestro sistema inmunitario.

Hablando del sistema inmunitario, cabe destacar que su conexión con la microbiota es totalmente directa y esta ayuda a mantenerlo estimulado. Además, gracias al trabajo en equipo, las respuestas son mejores en algunos casos. Uno de los enigmas ahora mismo al respecto es cómo puede diferenciar el sistema inmunitario las bacterias buenas de las patógenas en esa frontera que es el cuerpo o microbiota. Algunas teorías plantean que se envían señales entre ellos que permiten esa convivencia, pero a su vez el sistema inmunitario mantiene en alerta a todas las tropas para una posible invasión.

Otro aspecto importante, que parece muy evidente, es que las bacterias nos ayudan a digerir muchos alimentos que nuestra biología no nos permite gracias a que tienen las enzimas adecuadas para ello; por ejemplo, alimentos ricos en grasas insaturadas, que son potentes antioxidantes. Piensa que son miles y miles colocadas una al lado de la otra en tu intestino digiriendo todo lo que pillan, como un segundo intestino para ti. Además, la microbiota equilibra los niveles de colesterol y grasas en sangre y se encarga de producir vitaminas tan importantes como la K o la B12, cuya falta puede afectarnos.

Te contaré más detalles en este capítulo, pero las últimas investigaciones indican que las bacterias influyen en el metabolismo e incluso en los neurotransmisores, las moléculas a través de las cuales se comunican nuestras neuronas, lo que podría repercutir incluso en nuestro estado de ánimo, pero no te hago más *spoiler*.

TANTAS MICROBIOTAS COMO PARTES DEL CUERPO

Siempre oímos lo de «la microbiota» en referencia al conjunto como si fuese único y estable, pero nada más lejos de la realidad. La verdad es que cada parte de nuestro cuerpo tiene una microbiota distinta, que varía a lo largo del tiempo, como te he contado antes. A partir de ahora, ya no pensarás en la microbiota como un todo homogéneo porque voy a enseñarte cómo es en detalle en cada parte del cuerpo. No vas a verla igual que la ves ahora y, por supuesto, sentirás que te hace mucha más compañía.

La piel

El ser humano adulto tiene de media unos dos metros cuadrados de piel, que varía muchísimo en su composición química y humedad, lo que nos convierte en un micromundo con ciudades aptas para varios tipos de bacterias. Hay zonas más húmedas, como el interior de la nariz, la axila o el ombligo, y otras más secas, como las manos o las piernas. Otro ambiente se da en zonas con un contenido en grasa alto, donde hay muchas glándulas sebáceas que producen sebo; por ejemplo, junto a la nariz, la parte posterior del cuero cabelludo y la parte superior del pecho y la espalda, zonas donde habitan bacterias que prefieren ambientes más grasos por el tipo de metabolismo que realizan. En algunos estudios se observaron hasta diecinueve filos de bacterias, entre las que predominaban la *Actinobacteria*, *Firmicutes*, *Proteobacteria* y *Bacteroidetes*. En total, puede haber fácilmente un billón de bacterias cubriendo toda nuestra piel, junto con miles de virus, hongos y parásitos; pero no te agobies, porque sabes que forman parte de nosotros.

Mucha gente se asusta con esto, sobre todo al hablar de la microbiota de la piel, porque nos han metido tanto en la cabeza lo de lavarse bien y usar gel hidroalcohólico para evitar infecciones que ya hasta tener bacterias u hongos buenos nos da asco, y es un error. Por eso, es importante saber qué hacen ahí, cómo son y cómo nos ayudan en nuestro día a día.

Existen dos tipos de microbiota en la piel: la residente y la transitoria. La microbiota residente es la que está siempre con nosotros y realmente es la primera defensa frente a patógenos. Cuando se habla del sistema inmunitario, suele hacerse referencia a la piel, a las células, pero lo cierto es que encima de ellas ya están las bacterias luchando con los patógenos que llegan a la superficie. El lugar que ocupan en la piel, la zona de anclaje, ya no la pueden usar los patógenos, que tienen que irse en busca de un sitio mejor. Además, estudios recientes han demostrado que no hay microbiota solo en la capa exterior de la piel, sino que también se encuentran bacterias en la dermis y en la hipodermis.

La microbiota cutánea transitoria es aquella que era peribioma, pero como ahora la llevas encima, pasa a ser microbiota. Y esta no se queda de forma permanente en la piel, sino que va variando a lo largo del día en función de lo que hagamos y las condiciones del entorno. Cuando te levantas, llevas contigo las bacterias compartidas de la persona con la que duermes, aunque probablemente elimines unas cuantas después de lavarte la cara. Luego, cuando estás en el trabajo, adquieres las que hay en ese ambiente por su sequedad o por la presencia de otras personas, hasta que vas al gimnasio y te pones a sudar y, con tal cantidad de humedad, muchas desaparecen, pero aparecen otras al secarte la cara con la toalla que acabas de dejar donde apoyan el culo unos cuantos compañeros del lugar.

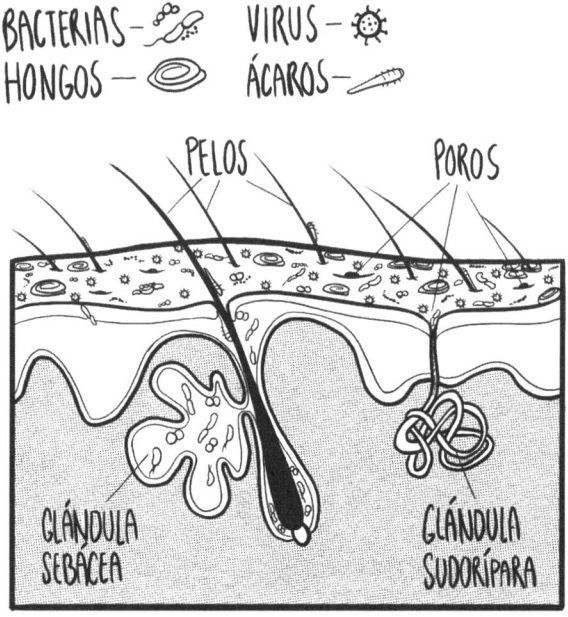

Figura 9. Bacterias en la piel

Las bacterias que la componen son inofensivas en su mayoría y se suelen alimentar de los restos mortales de tus células de la piel; sin embargo, a veces aparece alguna bacteria patógena oportunista y produce enfermedades si tus defensas no están en todo su esplendor. Una de las especies transitorias más famosas es el *Staphylococcus aureus*, que muchos estudios han relacionado con la dermatitis atópica.

Pero, entonces, ¿qué hacemos?, ¿nos lavamos mucho para evitar las bacterias patógenas o no nos lavamos tanto para preservar la microbiota? Es una pregunta que yo también me he hecho mientras escribía este libro, así que voy a intentar resolverla.

Lavarte mucho puede afectar a la capa de grasita de la piel, donde las bacterias se sienten tan cómodas que se anclan, y desequilibrar la microbiota cutánea. Además, usar jabones con pH superior a 7 hace que las bacterias de nuestra piel, acostumbradas a un pH más bajo, se desestabilicen y favorece el crecimiento de bacterias como la *Staphylococcus aureus*, mencionada antes.

El uso de crema, tónicos, limpiadores, desodorantes o antitranspirantes afecta a la composición de las comunidades microbianas de la piel y puede provocar una disbiosis, el desequilibrio de la microbiota, que muchas veces se asocia a alteraciones inflamatorias. Por todo ello, lo ideal es lo siguiente:

• Utilizar productos con pH adecuado para la piel, de 5,5 aproximadamente.
• No obsesionarse con desinfectantes o productos antimicrobianos, al igual que no hay que abusar de antibióticos orales.
• No lavarse cada dos por tres: con una vez al día es suficiente para el cuerpo. La cara, como mucho dos.
• Secar bien las zonas o pliegues que pueden retener humedad, como las axilas o la parte entre los dedos de los pies.
• Buscar una hidratación adecuada que no afecte al equilibrio de la piel.
• Evitar exponerse mucho tiempo a rayos UV. Esto también altera la microbiota y, obviamente, la piel.

La boca

La microbiota bucal tiene muy mala fama. Siempre hablamos de las caries, de la placa y de todos los problemas que tenemos cuando las bacterias de la boca se ponen farrucas. La verdad es que la fama se la han ganado a pulso, pero hay un grupo de bacterias necesarias en la boca cuya existencia es importante conocer.

La saliva tiene muchísimos nutrientes para las bacterias,

pero es tan líquida e inestable que no es un buen lugar donde crecer y reproducirse. Además, en ese cóctel también van incluidas una serie de sustancias antimicrobianas, como la lisozima. Esta enzima, como si fuera una tijera, se encarga de romper la pared de las bacterias, lo que las mata al instante. Sin embargo, no es suficiente para acabar con todas, pues la cantidad de nutrientes que tenemos en la boca de los restos de comida es tal que las bacterias hacen lo posible por vivir ahí.

Como en el resto del cuerpo, en la boca tenemos bacterias buenas y malas. Ya sabes que las buenas nos ayudan a defendernos de las patógenas, lo que aún cobra más importancia en un lugar como la boca, donde entra de todo y puede servir de paso a una infección. Cuando esta microbiota se trastoca, aparecen problemas como caries, gingivitis o periodontitis, causados principalmente por la presencia de bacterias no tan deseadas, ya sea por cuestiones de higiene, entorno o condición de salud. Este desequilibrio puede venir dado por:

- Consumo repetido de alimentos ricos en azúcar.
- Falta de higiene oral.
- Consumo de alcohol y tabaco.
- Abuso de antibióticos o colutorios orales.
- Predisposición genética.
- Enfermedades, como la diabetes.

Esto hace que aparezcan las famosas caries, que suelen ser provocadas por *Streptococcus mutans*, o gingivitis, causada por *Propionibacterium acidifaciens*; nombres muy sencillos de memorizar, por cierto. Los habitantes más comunes y los que son saludables pertenecen a los géneros *Firmicutes* y a *Streptococcus*; aunque este último te suene a algo malo, no todas las bacterias pertenecientes a este género lo son, así que deja atrás tus prejuicios.

DATO CURIOSO
¿Cómo se forman las caries y por qué la pasta de dientes funciona?

Se hacen miles y miles de empastes cada día en todo el mundo por culpa de las bacterias de la boca, pero no porque ellas quieran hacernos daño, sino por su digestión. Cuando tenemos azúcares en la boca de comer cochinadas dulces, las bacterias de la placa los utilizan para alimentarse y, como consecuencia, producen ácidos (igual que tú produces malolientes heces y no lo haces porque quieras contaminar). Estos ácidos atacan al esmalte de los dientes, que, con la exposición continua, se acaba fastidiando y se forma una especie de hoyo, que es la caries.

La pasta de dientes evita que esto pase porque el flúor (importante que lleve) interviene en la descomposición de esos azúcares y reduce la cantidad de ácido que se produce, además de ayudar a la mineralización de la placa. Quizá pensabas que mata bacterias, pero realmente la concentración a la que se encuentra en la pasta de dientes muchas bacterias no mata. Más bien lo hacen los enjuagues bucales, que parecen creados por el demonio, pues a veces también acaban con células propias, por lo que no suelen ser muy recomendables (y menos aún los más agresivos).

El intestino

La microbiota del intestino la conoces, seguro, porque es la más famosa del mundo entero. En ella habitan miles y miles de bacterias que ejercen un papel superimportante en nuestra salud, y no solo en lo que respecta a la digestión, sino también en el sistema inmunitario y en el cerebro. Sí, sí, has leído bien, en el cerebro. Pero, antes de contarte la rayada de conexión intestino-cerebro-bacterias, voy a explicarte cómo es la microbiota más alucinante de tu cuerpo.

El tubo digestivo está formado por el estómago, el intestino delgado y el grueso, y como sabrás se encarga de digerir y absorber todos los nutrientes para que sigas viviendo y puedas leer este libro. Sin embargo, muchos de los nutrientes que absorbemos no vienen directamente de lo que comemos, sino que los produce la microbiota del lugar. Cuando los alimentos llegan al estómago, se convierten en una bola de comida, pero también de bacterias ingeridas con ellos, que va desplazándose a lo largo del tubo digestivo, donde se encuentra distintas ciudades de microbiota, cada una con una función y características propias, que en conjunto forman las más de 100.000.000.000.000 de células microbianas.

El estómago, con un pH superácido, lo pone muy difícil para que crezca alguna bacteria, aunque hay algunas capaces de sobrevivir en ese ambiente aparentemente hostil, como las de los géneros *Proteobacteria*, *Bacteroidetes*, *Actinobacteria* y *Fusobacterium*. También existe una bacteria, demasiado famosa últimamente, la *Helicobacter pylori*, capaz de colonizarlo y provocar úlceras a las personas sensibles a ella. Procede de la ingesta de alimentos crudos sin lavar, como ensaladas o frutas, y las complicaciones intestinales pueden ser graves, con un tratamiento de hasta catorce pastillas diarias para erradicarla, así que, por favor, limpia bien todo y, en la medida de lo posible, evita las ensaladas preparadas.

Desde el estómago, el pH va haciéndose más suave, menos ácido, hasta llegar al intestino delgado, donde hay hasta diez millones de bacterias por cada gramo de intestino. Si esto te parece ya mucha bacteria para el cuerpo, agárrate, porque también contiene enormes cantidades de células procariotas; podríamos catalogarlo perfectamente como un superfermentador vivo. Al final del intestino y en el contenido fecal puede haber 100.000.000.000 de células bacterianas por gramo, de las cuales el 99 % son *Bacteroidetes* y especies grampositivas. Por tanto, como se te ocurra otra vez pensar que nadie te acompaña, por favor, no te olvides de las millonadas de bacterias que están contigo para ayudarte en tu día a día. Qué majas, ¿no crees?

Y más majas te van a parecer cuando sepas que producen vitamina B12 y K, ambas esenciales, pero nosotros no podemos sintetizarlas, y además la B12 no está presente en los vegetales. Si tienes mentalidad biotecnológica, como yo, quizá hayas caído en que se podrían utilizar en industria estas bacterias para producir esta vitamina de forma artificial como complemento alimenticio, pero de esto hablaremos más adelante.

Además, también son responsables de los gases y las sustancias odoríferas, como dicen los científicos; para que me entiendas, los pedos. Un adulto normal expulsa diariamente varios cientos de mililitros de gases intestinales, de los cuales la mitad son nitrógeno procedente del aire ingerido y la otra mitad producto de la fermentación de las bacterias, como el dióxido de carbono. Dependiendo de la microbiota de cada cual, el olor cambia, igual que lo hace su composición, de ahí que seas capaz de reconocer los pedos de tu perro, de tu hijo, de tu pareja o de la persona con la que más tiempo pases en tu vida.

Cuando este conjunto de alimentos y bacterias llega al final del tubo digestivo, la mayor parte del agua ya se ha absorbido (en condiciones normales) y se convierte en heces, de cuyo peso las bacterias representan alrededor de un tercio. Así que, sí, cuando mires tu caca, piensa que una tercera parte de eso son, literalmente, bacterias. Estas bacterias que han sido arrastradas hasta el váter son reemplazadas continuamente por el crecimiento de otras, que se generan entre una o dos generaciones al día. De media, un cuerpo humano libera en las heces alrededor de 10.000.000.000.000 de bacterias, razón por la que los baños son una fuente increíble de infección y por la que tienes que cerrar la tapa cada vez que tires de la cadena (como hemos explicado en el dato curioso de la página 88).

En general, nuestro cuerpo está cubierto por bacterias allá donde mires. Incluso las vías respiratorias y los genitales tienen su propia microbiota, con un papel importante, como todas las demás, aunque no vaya a entrar en detalle. De hecho, hasta hace poco, se pensaba que los pulmones eran prácticamente estériles gracias a la acción de los macrófagos que allí patrullan, pero se ha descubierto que, aunque pocas, también hay bacterias que no son patógenas que habitan los alveolos, como el *Staphylococcus aureus* o el *Streptococcus pneumoniae*. Sin embargo, no he escrito este libro solo para hablar de las enfermedades que producen las bacterias, sino también de todo lo que tienen que ofrecernos y lo importantes que son para nuestra salud.

MICROBIOTA: MUCHO MÁS IMPORTANTE PARA LA SALUD DE LO QUE SE CREE

Hace unos años, había muchas dudas sobre la relación de la microbiota con la salud, pues apenas se contaba con pruebas científicas, ya que no se podía investigar en condiciones, tanto por la falta de interés como de medios. Se sabía que la microbiota intestinal tenía un papel importante en las diarreas, pero poco más con suficiente contundencia.

En los últimos años, la investigación sobre microbiota ha crecido exponencialmente desde que se llevó a cabo el Proyecto Microbioma Humano en el mundo, impulsado por Estados Unidos, gracias al cual se descubrieron las bacterias presentes en muchas de las zonas del cuerpo y las diferencias entre poblaciones. Con esta información, los científicos empezaron a trabajar a fin de averiguar cuál es el papel que cumplen y cómo podría afectar a la salud su alteración.

Hoy se sabe que un desequilibrio en la microbiota, una disbiosis, promueve o facilita la aparición de ciertas enfermedades o condiciones de salud, por lo que se plantea modificarla o manipularla. De esta idea surgieron los prebióticos y los probióticos, y en última instancia los posbióticos. Creo que hay un poco de lío con tanta oferta e información, así que pongamos los puntos sobre las íes.

Los prebióticos son las sustancias que comen las bacterias. Aunque se vendan como suplementos alimenticios, podemos obtenerlos mediante la dieta, sobre todo de alimentos ricos en fibras como frutas y verduras. Algunas veces, los prebióticos vienen junto con probióticos, que son las propias bacterias. Por ejemplo, en un yogur normal (no de ninguna marca concreta ni con ningún nombre especial) hay *Lactobacillus*, que se consideran probióticos, bacterias beneficiosas para nuestra salud capaces de colonizar nuestro intestino. De hecho, hay estudios en los que se ha observado que, junto con otras bacterias, pueden producir sustancias tóxicas e incómodas para algunas bacterias, como *Clostridium difficile*, una de las más folloneras que hay, pues prácticamente es resistente a todo y sus infecciones son complicadas de combatir.

Los probióticos pueden comprarse para mil cosas: para la salud bucal o vaginal, para la piel, para la digestión e incluso para infecciones urinarias, pero aquí hay un problema. Hay tantas cepas distintas y tanta investigación de bacterias que no hay pruebas científicas sólidas, porque cada uno se centra en una bacteria y realiza estudios clínicos únicos y sencillos cuyos resultados no pueden contrastarse si no los repite nadie. Por ello, podríamos decir que hay pruebas de la eficacia de algunos probióticos, pero muy pocos, en comparación con la oferta que hay en el mercado. Estos están enfocados, sobre todo, a casos en los que el desequilibrio viene dado por una enfermedad, una intervención o el uso de antibióticos. Porque, claro, la mayoría de ellos son de amplio espectro y actúan sobre el mecanismo básico de cualquier bacteria, por lo que no son capaces de distinguir entre las buenas y las malas. Por ello, cuando te recomienden tomar algún probiótico tras un tratamiento con antibióticos (nunca durante, porque matarías todas las bacterias), hazlo: será muy beneficioso para ti.

Por último, me gustaría destacar que no todos los probióticos valen para cualquier cosa, sino que es importante elegir la cepa en función de tus necesidades; de ahí nace la medicina de precisión, que está en auge ahora mismo. Lo que se pretende es conocer la microbiota base del paciente y, según las pruebas científicas del momento, aplicar el tratamiento combinado de antibiótico y probiótico más favorable. De esta forma, se ha observado que el porcentaje de éxito es mayor en algunas enfermedades, como meningitis u otro tipo de infecciones, pero aún está en desarrollo.

Otro producto que está empezando a hacerse un hueco en el mercado son los posbióticos, que se llaman así porque son los microorganismos restantes después de matar a los probióticos; es decir, las moléculas que quedan cuando las bacterias mueren y se deshacen. Su función aún es dudosa, pero parece ser que benefician a la microbiota natural. Un ejemplo de esto son los famosos chicles del Mercadona que se pusieron de moda porque decían que ayudaban a adelgazar. Se basaban en que las personas que consumieron restos biológicos de unos probióticos habían perdido peso durante un ensayo clínico (para mí, no muy contundente científicamente hablando). No sé muy bien si se llegó a probar en el formato chicle, pero dudo mucho de su eficacia.

Este es un mercado muy amplio que cada día crece más y hay que estar al loro porque no todo es eficaz ni útil. El aumento del interés en estudiar todas estas bacterias y por intentar manejar nuestra microbiota con estos productos también nació al descubrir conexiones entre la microbiota y órganos que no esperábamos tener conectados, como el cerebro.

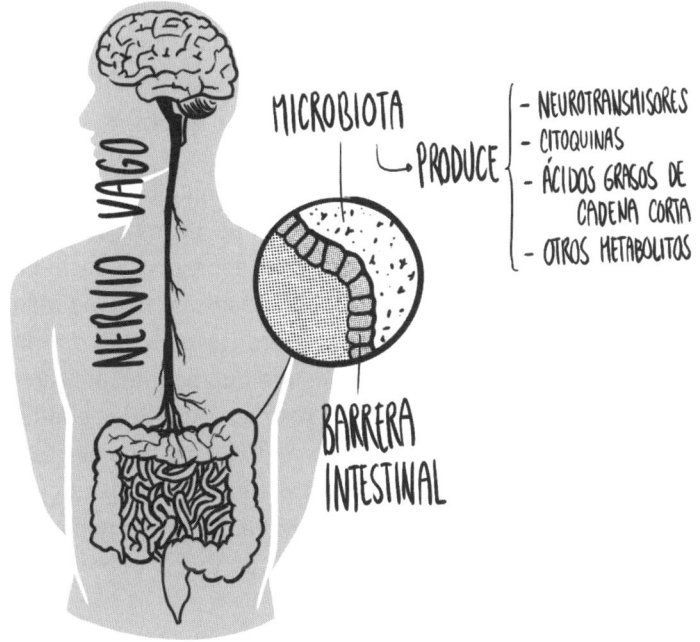

Figura 10. El eje intestino-cerebro

El estudio del eje intestino-cerebro ha sido un área de investigación muy exprimida en los últimos años debido a las pruebas que sugieren que hay relación entre lo que ocurre en el intestino y en el cerebro. Y no solo hablo de lo típico de sentir nervios en el estómago o las mariposas del enamoramiento, esto llega mucho más lejos.

Existen pruebas que indican que el tratamiento con probióticos en animales de experimentación y en humanos activa neuronas en el nervio vago, una de las conexiones más importantes entre ambos órganos. Además, el tratamiento con antibióticos también produce cambios en el sistema nervioso asociados a un neurotransmisor. Los neurotransmisores son las moléculas a través de las cuales se comunican las neuronas, como lo son las palabras o los gestos para nosotros.

Es importante que sepas que la comunicación no va solo del cerebro al intestino, sino también al revés, mediante moléculas como el ácido gamma-aminobutírico (GABA), un neurotransmisor producido por las bacterias en nuestro intestino, o la serotonina, que seguro que te suena mucho más. Es curioso, porque hay estudios en los que se ha observado que en personas con trastornos como depresión y ansiedad existe una sobreabundancia de bacterias que causan inflamación intestinal, como las del género *Desulfovibrio* o la familia *Enterobacteriaceae*. Esto sugiere que podrían utilizarse como marcadores o que incluso podrían estar relacionadas con estos trastornos. De ser cierto esto último (que aún queda mucho por investigar), podrían plantearse terapias complementadas con probióticos para restablecer esa población desequilibrada en casos de trastornos como depresión o ansiedad.

Hay un caso muy particular sobre el que se está trabajando en los últimos años: el párkinson. El tratamiento suele ser con la molécula levodopa (L-Dopa), que puede mejorar los síntomas, pero en muchos pacientes esta no llega de forma funcional a las células que debería. Y, ojo, porque al parecer esto se debe a que ciertas bacterias intestinales son capaces de transformar esa molécula en dopamina, inservible para tratar esta enfermedad, por lo que al intestino no llega la dosis de levodopa adecuada.

Para solucionar esto, se están desarrollando medicamentos que bloquean la transformación en dopamina de la L-Dopa para que así llegue mayor cantidad de esta molécula a las células. Es uno de los fármacos dirigidos directamente a la microbiota que se están investigando hoy en día y, quién sabe, quizá sea el primer paso para solucionar muchos tratamientos cuando no funcionan con algunos pacientes.

Justo en esta dirección va la medicina de precisión, que no solo pretende aportar los probióticos necesarios cuando hay un desequilibrio, sino también utilizar la microbiota como marcadores de ciertas enfermedades o, incluso, adaptar la dosis de fármacos que pueden ser metabolizados por la microbiota. Porque no tenemos que olvidar que la microbiota intestinal es prácticamente otro intestino y la de cada persona es única, así que quizá yo tenga bacterias que metabolizan un fármaco de una forma determinada, mientras que otra persona no lo metabolice, lo que podría resultar en un tratamiento fallido.

Otro ejemplo que me llama mucho la atención es la relación entre nuestra microbiota intestinal y la alopecia. Al igual que encontramos una conexión intestino-cerebro, también existe con la piel. En un modelo de ratón (que es como empiezan todas las investigaciones), se observó una reacción de alopecia cuando presentaba un desequilibrio en la microbiota intestinal y había un exceso de la bacteria *Lactobacillus murinus*, capaz de degradar la biotina y metabolizarla.

Esta molécula, que se obtiene a través de la ingesta, cumple un papel fundamental en la salud capilar y en el desarrollo de la alopecia. Cuando hay un exceso de bacterias que destruyen la biotina, llega menos cantidad a la piel y la alopecia se desarrolla más rápidamente. No la provoca al cien por cien, pero sí que promueve que ocurra más deprisa y con mayor intensidad, según los estudios.

DATO CURIOSO
Si me dices qué bacterias tienes en la piel, te digo cuántos años tienes

Hace poco, en un estudio, se aprovechó todo el subidón de la inteligencia artificial para comprobar si se puede predecir la edad de una persona analizando su microbiota. La microbiota intestinal fue el que más errores tuvo, ya que la aproximación fallaba en once años. Sin embargo, la microbiota de la piel parecía ser una buena opción porque *solo* fallaba en 3,8 años. Así, esta podría ser una herramienta útil y bastante barata para aproximar la edad en casos de investigación policial de crímenes o cuando alguien no conoce su edad por ciertas circunstancias. Eso sí, es algo que se ha hecho de forma puntual y se debería estandarizar en todas las poblaciones del mundo, pues la microbiota de una persona del norte de China no es igual que la de una que vive en la Patagonia. Esto puede llevar su tiempo, pero estoy segura de que, con el interés que hay ahora mismo en la microbiota, se podría hacer realidad en cuestión de unos pocos años.

Las bacterias (buenas) en el hospital

Aunque no lo creas, puede haber bacterias buenas en un hospital. No te voy a mentir, son minoría y se utilizan desde hace muy poco tiempo y en contadas ocasiones, pero, haberlas, las hay.

Pero empecemos por el principio. En los hospitales hay una bacteria que se mueve como Pedro por su casa: *Clostridium difficile*, una de las más problemáticas y complicadas de eliminar. Cuando se produce una infección por esta bacteria, suele estar asociada a un procedimiento hospitalario, como una operación o un ingreso por causas ajenas. Su presencia en los hospitales no se debe a que le guste el ambiente o porque quiera ejercer de enfermera; en realidad, se instaura allí por su multirresistencia, pues hay cepas que son resistentes a prácticamente cualquier antibiótico, aunque hablaré de esto en otro capítulo.

Cuando se produce una infección por *Clostridium difficile*, el paciente sufre fuertes diarreas e inflamación intestinal y, si no se trata a tiempo, puede resultar mortal. Según el Centro para el Control y Prevención de Enfermedades (CDC, por sus siglas en inglés), en Estados Unidos hay hasta veintinueve mil muertes al año por esta infección. Encima, uno de cada seis pacientes que se salva sufre de nuevo la infección entre dos y ocho semanas después de superar la primera. Si a todo esto le sumamos la resistencia a la mayoría de los antibióticos (por no decir todos), tenemos un problema muy gordo que solucionar, y las bacterias nos pueden ayudar a ello.

Se ha observado que esta bacteria trastoca muchísimo la microbiota intestinal, como cuando llega a tu barrio un vecino problemático. Esto da pistas de que, probablemente, en condiciones normales, la microbiota natural desempeña un papel protector frente a la infección que causa. Además, *Clostridium difficile* aprovecha la oportunidad cuando tomamos antibióticos, pues estos se cargan a la mayor parte de nuestras amigas en el intestino, lo que hace que sea el momento idóneo para que se instaure allí.

Cuando los médicos intentan eliminarla con antibióticos y la infección reaparece tras dos o tres tratamientos, las guías de algunos hospitales, como el Virgen del Rocío de Sevilla, ya tienen instaurada la posibilidad de hacer un trasplante de heces. Así es: coger caca de una persona sana, procesarla e insertarla en el paciente. Suena fatal, lo sé, pero la idea no es mala, teniendo en cuenta que esta bacteria patógena aprovecha el desequilibrio de la microbiota para infectar, mientras que, en teoría, si esta está bien, no lo hace con tanta facilidad. Pues se cogen las bacterias de una persona sana y se administran a otra para que repueble su intestino, cuyo poder tiene en ese momento la bacteria patógena.

La estrategia que más éxito ha tenido ha sido, primero, administrar antibióticos para eliminar a *Clostridium difficile* y, después, recuperar la microbiota normal a través de un trasplante de microbiota fecal. Eso sí, la elección del donante de heces es crucial, porque no todos tenemos una buena microbiota. El procedimiento es muy sencillo: de una muestra de heces, se extraen las bacterias en el laboratorio, se cultivan para que aumenten en número y se prepara una cápsula enriquecida en bacterias sanas, aunque también se puede administrar mediante colonoscopia o sondas nasogástricas o nasales.

Quizá pienses que es una asquerosidad y que eso no te lo harías ni de coña, pero, créeme, cuando estás a punto de morir por una bacteria y ya apenas puedes comer ni moverte, te da igual lo que te den si eso soluciona tu problema. Piensa que no es la caca tal cual, con todos los desechos, sino que los científicos extraen las bacterias, las cultivan en medios limpios y estas son lo único que llega, nada más.

Los estudios han demostrado que, en infecciones recurrentes, con este trasplante el 79 % de los pacientes no vuelve a sufrir la infección, un superdato con una bacteria patógena de este calibre. Sin embargo, existe cierta preocupación, pues varios informes han documentado la transmisión de una cepa multirresistente de *E. coli* al hacer un trasplante fecal. Es decir, se consiguió eliminar la *Clostridium difficile*, pero se transmitió otra bacteria que también ocasiona problemas, y encima multirresistente.

Aquí el problema es que es algo muy novedoso y aún falta establecer controles de calidad y métodos para elegir al donante. Si seleccionamos a una persona que en teoría está sana, pero tiene cepas de bacterias multirresistentes, la verdad es que no solucionaremos nada. Todo esto está en investigación y los casos reales aportarán mucha información para no volver a caer en el mismo error en el futuro.

Porque al final la investigación es eso: ensayo y error. Aunque lo ideal no sea que esto tenga que ocurrirles a los pacientes, no se puede hacer de otra forma. Sin duda, todo el mundo de la microbiota está en expansión, así que muy pronto tendremos herramientas y tratamientos basados en ella en los hospitales y la consideraremos prácticamente un órgano más de nuestro templo.

CAPÍTULO 5

LAS BACTERIAS EN LA INVESTIGACIÓN Y LA PRODUCCIÓN DE FÁRMACOS

A estas alturas del libro, quizá ya no te sorprenda saber qué más son capaces de aportarnos las bacterias a los seres humanos; no es solo lo que hacen en nuestro cuerpo como parte de la microbiota, es mucho más que eso. Es fascinante que ese micromundo, invisible a nuestros ojos, desempeñe un papel tan importante, a pesar de la reputación que tienen las bacterias, que suelen considerarse las malas de la película (igual que los científicos y las científicas en el cine). En este capítulo nos sumergiremos en el extraordinario mundo de los laboratorios y en el uso de estos microorganismos como herramienta de investigación. Te aseguro que te sorprenderá saber todo lo que nos han aportado las bacterias y lo que nos siguen aportando.

A lo largo de la historia, las bacterias se han visto como agentes infecciosos de los que se debía huir. Sin embargo, con el paso de los años, se empezó a entender que con ellas podían hacerse auténticas maravillas y hubo una revolución en el ámbito farmacéutico a unos niveles nunca imaginados. Desde la penicilina de Alexander Fleming hasta las terapias biotecnológicas de hoy en día, las bacterias se han convertido en auténticas fábricas de conocimiento y fármacos, y gracias a ellas se han salvado millones de vidas (de la mano de un ser humano siempre, claro).

Prepárate para sumergirte en el alucinante universo de las

bacterias, donde lo invisible se vuelve visible y lo diminuto se magnifica en su importancia para la vida.

EL PAPEL DE LAS BACTERIAS
EN LA INVESTIGACIÓN

¡Uf! No te puedes imaginar los recuerdos que me trae esto. Durante mi trabajo de fin de grado, estuve trabajando con litros y litros de bacterias con el fin de fabricar una proteína recombinante para ponerla en una vacuna destinada a peces. Suena a algo muy pro, pero me dedicaba a hacer crecer bacterias en botellas de medio litro y luego las metía en una centrifugadora, después en otro tubo y así infinitamente hasta obtener cuatro pelás de una proteína que no sabía muy bien si iba a funcionar. La vida de una científica es un poco así.

Recuerdo que el olor no era muy agradable y que crecían mogollón cada día, haciendo que el medio de cultivo se pusiera turbio superrápido. Allí fue la primera vez que aprecié lo que las bacterias eran capaces de hacer con nuestra ayuda y hasta dónde podíamos llegar con eso.

Alrededor de 1970, encontramos un ejemplo del primer uso de las bacterias en investigación (que no estuviera relacionado con los antibióticos). Werner Arber, Daniel Nathans y Hamilton Smith, en un estudio sobre cómo se defendían las bacterias de sus patógenos, los virus, descubrieron unas enzimas que cortaban el ADN, ahora conocidas como «enzimas de restricción». Estas proteínas cortan el ADN por secuencias específicas, como una especie de tijeras moleculares.

Este hallazgo fue fundamental para desarrollar la tecnología del ADN recombinante, que permitió a la comunidad científica manipular genes y modificarlos, no los de los humanos, sino los de distintas células en el laboratorio para investigar las células de humanos, animales, bacterias, virus y un sinfín de posibilidades. Estas enzimas se han convertido en herramientas claves para cortar trocitos de ADN y pegarlo, haciendo posible la ingeniería genética y la creación de organismos modificados genéticamente.

Así, mientras ellas hacían su trabajo habitual contra las infecciones virales, proporcionaron a la comunidad científica herramientas cruciales que transformaron la biología molecular y la investigación genética.

Hoy en día, las bacterias se utilizan muchísimo en el mundo entero en todo tipo de investigaciones, tanto para conocer lo más básico sobre ellas como para emplearlas como terapia. En este libro no cabrían todas las posibilidades, pero te voy a contar las que considero más relevantes para que nunca más pienses mal de estos microorganismos.

Estudio de procesos biológicos básicos

Tienes que imaginarte las bacterias como pequeñas células supersencillas que tienen dentro lo básico para sobrevivir. Evidentemente, no son iguales que las nuestras, pero tienen muchísimas cosas en común; así, podemos sacar información y entender cómo funcionan. El conocimiento básico nos da herramientas para investigar enfermedades, procesos infecciosos y tratamientos que, sin él, sería imposible.

Muchas veces, se desmerece la investigación básica: sale muy poco en los telediarios, nadie habla de ella e incluso los propios científicos tachan a los investigadores básicos de personas que no buscan la aplicabilidad. No obstante, si no sabemos cómo es el mecanismo por el cual una célula genera energía, nunca sabremos cómo atajar el problema cuando falle en algunas personas. Si no sabemos cuál es el mecanismo por el cual una bacteria se defiende de un fármaco, nunca podremos diseñar otro para el que no lo haga.

La investigación básica no se llama así porque sea fácil o sencilla, sino porque es fundamental para que el conocimiento científico avance. Y en este ámbito ha tenido muchísimo que ver la utilización de bacterias por su sencillez y por el gran abanico que hay: capaces de soportar grandes presiones, altas temperaturas, ambientes sin oxígeno, ambientes con más o menos humedad, etc. Todo eso nos aporta mucha información que puede aplicarse a un montón de ámbitos, desde la salud hasta la ingeniería de materiales.

Uno de los descubrimientos más importantes en investigación básica fue la replicación del ADN, ese proceso por el cual nuestras células multiplican el ADN antes de dividirse en dos y, por lo tanto, multiplicarse en número. Sí, aunque los matemáticos no lo entenderían, las células son capaces de multiplicarse y dividirse a la vez. Además, cuando estaban metidos en este meollo, también descubrieron cómo se expresaban los genes y que algunos de ellos se regulan y se transcriben como un equipo, que denominaron «operones». Esto permitió comprender mucho mejor la regulación de los genes y de su expresión para dar lugar a distintas proteínas.

Otro descubrimiento supertop fue el del ARN mensajero (ARNm), que, aunque no uses redes sociales o no veas la tele, fue un concepto que debió de llegarte de alguna manera durante la pandemia. En la década de los sesenta, François Jacob y Sydney Brenner estaban estudiando la *E. coli* y, con sus experimentaciones, observaron que la forma que tenían las células de hacer real lo que ponía en el ADN era a través de una molécula intermediaria que sirviera de traductora a las enzimas fabricantes de proteínas.

Este descubrimiento marcó un antes y un después en la investigación de la biología molecular, pues se entendió mucho mejor el proceso de expresión de genes y se estableció una de las bases de la genética. Estoy segura de que ellos no imaginaban que la molécula que hallaron serviría como tratamiento y sería la salvación de millones de personas en una pandemia mundial, pero sin duda hemos vivido un cambio de paradigma en el ámbito de los fármacos y la terapia génica, aunque esto da para otro libro.

Hoy en día, las bacterias siguen utilizándose como modelos para seguir investigando todas esas reacciones químicas que ocurren en los seres vivos, ya que se pueden modificar de forma muy sencilla genéticamente y recrear aquello que se quiere investigar no solo a nivel genético, sino también en lo referente al metabolismo, las proteínas o la comunicación celular.

Las bacterias y la biotecnología

¿La biotecno... qué?

La pregunta que más me han hecho en la vida. Y quizá tú también te la acabes de hacer ahora mismo.

La biotecnología es la ciencia que busca aprovechar lo que nos da la naturaleza para mejorar la vida de personas, animales y medioambiente. En la naturaleza, hay moléculas, mecanismos y un sinfín de cosas que podemos transformar para adaptarlas a nuestras necesidades. No hablo de transformar la naturaleza, sino de inspirarnos en ella. Por ejemplo, saber cómo es capaz una bacteria de fabricar una proteína con el objetivo de utilizar esa herramienta para producir otra que salve vidas o conocer cómo es capaz de sobrevivir un pez a temperaturas por debajo de cero grados centígrados e intentar aplicarlo a las plantas que sufren problemas de congelación en invierno.

La biotecnología también puede utilizarse para curar enfermedades genéticas con las herramientas que utilizan las bacterias para modificar el ADN, como las repeticiones palindrómicas cortas agrupadas y regularmente interespaciadas (CRISPR, por sus siglas en inglés), que para mí es el descubrimiento estrella y una de las maravillas más alucinantes que nos han regalado las bacterias. No obstante, ya sabes que, sin un ojo humano, sería imposible descubrir nada. En este caso, el ojo humano fue el del español Francis Mojica, junto con su equipo.

Es muy fuerte: como miles de científicos, él investigaba las bacterias y las arqueas y, al recopilar la información de varios descubrimientos años atrás, le llamó la atención una repetición de secuencias en el ADN. Resultó que esos fragmentos venían de virus que habían infectado alguna vez a esas células. Tras mucha experimentación, averiguó que se trataba de un sistema de defensa frente a los virus. Estas secuencias tenían su origen en un grupo de proteínas que cortaban y pegaban el ADN, pero de forma mucho más precisa que las enzimas de restricción, de las que te he hablado antes. Esto se publicó en 2005 y, gracias al avance de otros científicos de todo el mundo, paso a paso, experimento a experimento, hoy se plantea como una herramienta para corregir errores genéticos que provocan enfermedades. Este descubrimiento les valió a Emmanuelle Charpentier y Jennifer A. Doudna el Premio Nobel de Química del año 2020, aunque son muchos los que no están de acuerdo con su concesión (sobre todo españoles) porque, en realidad, el descubridor del mecanismo fue Mojica, aunque no de su aplicación.

Un regalo de la naturaleza, en este caso de las bacterias, que, gracias a la biotecnología, se ha transformado en una herramienta que soluciona problemas a todos los niveles: permite crear en laboratorios modelos antes imposibles de enfermedades, estudiar nuevos fármacos o producir organismos modificados genéticamente con mayor precisión. Un ejemplo lo tenemos en Estados Unidos, donde ya existen champiñones que duran más tiempo gracias a una pequeña edición genética, aunque en Europa aún no hemos llegado ahí.

También se está intentando tratar enfermedades con CRISPR, sobre todo el cáncer o las provocadas por defectos genéticos en un único gen, como la distrofia muscular de Duchenne. Esto está en proceso de investigación y quedan varios años para ver resultados.

Ahora te voy a hablar de los plásmidos, que no son tan famosos como el CRISPR, pero son los reyes de la edición genética. En este punto del libro, ya deberías saber qué es un plásmido, después de la tremenda descripción de las bacterias de los primeros capítulos, pero seguramente no imaginas su versatilidad en investigación. En las cocinas de los laboratorios son muy comunes y una de las herramientas que está permitiendo que la biotecnología se aplique en cientos de ramas distintas.

Estos pequeños anillos de ADN cargados de información variada son muy útiles para las bacterias en casos de resistencia a antibióticos, pero, al igual que ellas se transfieren esa información, los humanos hemos aprendido a transferir la información que nosotros queramos a esos fragmentos de ADN. Y aquí entran en juego esas enzimas de corta/pega que se descubrieron en los años sesenta, de las que yo he disfrutado en el laboratorio.

Esto que te voy a explicar es biotecnología pura y dura, pero te voy a poner un ejemplo sencillo. Imagínate que quieres investigar cómo afecta una proteína a la supervivencia de un virus para un posible tratamiento antiviral. Sabes cuál es la proteína, tienes el virus en tu laboratorio, pero ¿cómo podrías fabricar esa proteína si en la naturaleza se produce en el semen de salmón?

Una forma de hacerlo es utilizando la bacteria como fábrica. Ten en cuenta que se multiplican superrápido y en cuestión de veinticuatro horas puedes tener una botella de medio litro llena de millones de ellas. Pero, para que la fábrica funcione y sus operarios puedan crear aquello que tú deseas, necesitan instrucciones, y aquí es donde entran en juego los plásmidos. En los laboratorios, disponemos de ellos en pe-

DATO CURIOSO
El descubrimiento del ADN en muestras raras

No te asustes: la comunidad científica busca moléculas hasta debajo de las piedras, de modo que investigar el semen del salmón no es tan raro, y encima gracias a una de estas muestras se descubrió el ADN. Fue uno de los logros más importantes para la ciencia y se le atribuye a Friedrich Miescher en 1869, quien encontró dicha molécula experimentando con esperma de salmón y el pus de unos vendajes, una fusión un poco extraña, pero sería lo que tendría el señor a mano en ese momento. En realidad, no dijo «esto es el ADN, tiene esta información y sirve para esto», pero estableció las bases para que sus sucesores siguieran dando pasos.

Fue la primera persona que consiguió separar los núcleos de las células del resto, que denominó «nucleínas», y observó que ahí se encontraba un material distinto rico en fósforo, información que utilizaría Richard Altmann para identificarlo como ácidos nucleicos. Y veinte años después ya se identificaron los cuatro componentes de forma más detallada y se observó que tenían un orden determinado. Pero eso, que sí: el origen del descubrimiento del ADN está en unas cuantas vendas llenas de pus y en el semen del salmón.

queños tubos que se compran de forma comercial, con tantas opciones como imagines: de distintos tamaños, con secuencias para marcar las bacterias con colores y seleccionarlas para producir proteínas y para mil cosas distintas.

Con esos plásmidos diseñados por empresas, pero cuyo origen está en las bacterias, nosotros utilizamos las enzimas

de corta/pega y metemos la secuencia del gen que nos interese, que también se puede mandar hacer. Buscas en la base
de datos la secuencia del gen que produce la proteína que te
interesa, la copias y la envías a la empresa encargada de ello,
y ella te envía un tubo con varias copias de esa secuencia.
Mezclas el plásmido y esos trozos en un tubo con las enzimas
encargadas de cortar y pegar y, en cuestión de minutos, tienes
tus anillos perfectamente montados y listos para entrar en
una bacteria y ponerse a trabajar.

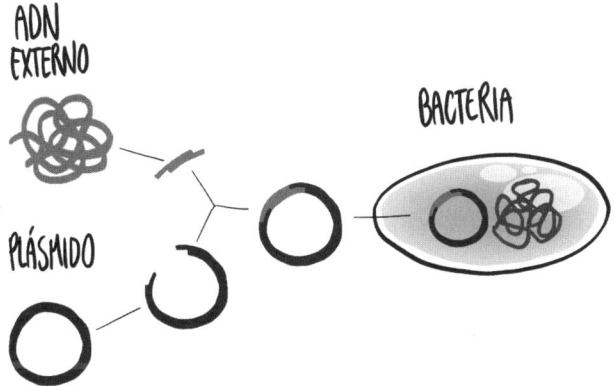

Figura 11. El plásmido y la clonación de genes

El proceso por el cual se mete un plásmido con un gen de
interés en una célula, en este caso una bacteria, se llama
«clonación» y es fundamental para producir decenas de moléculas hoy en día. Una vez que la bacteria tiene el plásmido en
su interior, se va a dedicar a producir como una loca la proteína cuyas instrucciones le has dado y a dividirse, y sus hijas
también tendrán ese plásmido y seguirán produciendo, y en
cuestión de horas tendrás la cantidad suficiente para poder
purificarla y tratar tus virus.

Es una herramienta rápida, barata y muy útil en investigación en casos de organismos genéticamente modificados y de

transgénicos. Y aquí viene un temazo del que no voy a hablar mucho, pero me gustaría destacar el gran avance científico que supone y lo poco que se está aprovechando en países como el nuestro. Los transgénicos pueden solucionar muchos de los problemas que tenemos hoy en día y, con una buena regulación (que la podría haber), son perfectamente seguros. Al fin y al cabo, consiste en meter un minitrozo de ADN en otro organismo para que adquiera una función: que no se muera cuando hace frío, que sea resistente a la sequía o que produzca una vitamina de la cual hay deficiencia en una población.

OJO: NO ES LO MISMO TRANSGÉNICO QUE ORGANISMO MODIFICADO GENÉTICAMENTE

Aunque pueda parecerlo. Cuando hablamos de un organismo modificado genéticamente, puede consistir en uno al que se le haya eliminado un gen o de una mutación generada a propósito con el fin de eliminar alguna de sus funciones o modificarla. En estos casos, no se inserta ningún gen de otro organismo. Sin embargo, en los transgénicos sí: se caracterizan por tener genes de otros organismos.

Por lo tanto, un organismo modificado genéticamente no tiene por qué ser un transgénico, pero un transgénico sí que es un organismo modificado genéticamente. Espero no haberte liado más con la explicación.

Lo mejor de todo es que, a pesar de que en muchos países no está permitido, se compra producto modificado genéticamente del extranjero y se consume con normalidad, así que no entiendo muy bien la finalidad de las prohibiciones.

Dejando este tema, los plásmidos también son muy útiles en la investigación de enfermedades, porque gracias a ellos conocemos cómo se expresan los genes o, si el estudio es en bacterias, cómo afecta una mutación de una enfermedad hereditaria a la estructura de la proteína. También sirven como herramientas de la propia experimentación; por ejemplo, para seleccionar las células que deseamos. Los plásmidos pueden llevar unas secuencias que marcan con colores o fluorescencia aquellas células que se han clonado adecuadamente, es decir, toda célula que contenga el plásmido con la información que queremos se verá de color verde, por ejemplo; de esta forma, nos aseguramos de que lo que estamos analizando son las células que queremos.

Los plásmidos son tan versátiles que es imposible abarcar aquí todos sus usos. Lo más importante es que te quedes con la idea de que actualmente las bacterias son una de las herramientas más potentes en investigación y se utilizan para mejorar la vida de las personas, las plantas y los animales (normalmente).

Terapia bacteriana y probióticos

Que las bacterias sean una herramienta para la investigación y que sirvan para tratar enfermedades se entiende bien, pero ¿y si te digo que además sirven de terapia en enfermedades como el cáncer?

Esto es muy fuerte, pero es real. Hoy en día, se está planteando la idea de utilizar las bacterias para ayudar a aniquilar un tumor o para detectarlo. En el primer caso, se aprovecha que muchas de ellas son capaces de vivir en presencia y ausencia de oxígeno en función de su disponibilidad. Cuando se tiene un tumor, no hay mucho oxígeno disponible porque este se lo traga todo debido a su ritmo de crecimiento, así que las bacterias podrían dirigirse a ese lugar en busca de una zona menos competitiva y, con una modificación genética, activar una respuesta inmunológica localizada o moléculas tóxicas para las células tumorales.

Como te he dicho, las bacterias también pueden ayudar a detectar un tumor. Hace poco, se publicó un artículo sobre la modificación de una bacteria que detectaba fragmentos de material genético de células cancerígenas. Esto es posible gracias a la comunicación que tienen estos microorganismos entre sí: se intercambian ADN y lo detectan. Así, tras captar las bacterias el ADN, podríamos analizarlas para comprobar si está presente ese material genético. Y lo mejor es que no sería un procedimiento invasivo, pues consistiría en una pastilla, como un probiótico, que después se detectaría en una muestra simple de heces. Es decir, soltamos las bacterias en el cuerpo, captan ese ADN y, cuando salen, las recogemos y las analizamos. Esto es algo que está en investigación, pero sin duda sería un puntazo en casos de cáncer difíciles de detectar.

Otro uso superguay de las bacterias es servir como vehículos para administrar medicamentos; esto es, modificarlas de tal forma que vayan donde queremos y que ellas mismas fabriquen los fármacos gracias a toda la ingeniería genética de la que te he hablado antes. Sería como tener una fábrica de fármacos continua en el cuerpo. Sin embargo, esto supone muchas complicaciones de seguridad, puesto que, como ya sabes, las bacterias evolucionan muy rápido y podría perderse un poquito el control de lo que está pasando.

Y, por supuesto, están los probióticos, bacterias vivas utilizadas para regular el equilibrio de nuestra microbiota. Como ya sabes, no existe solo una en una zona del cuerpo, por lo que las enfermedades abarcables serían muchas. Cada vez hay más pruebas de la correlación entre la microbiota y ciertas enfermedades, aunque aún no se sabe muy bien en algunos casos si es consecuencia o causa. Aun así, se está investigando su uso para tratar trastornos dermatológicos, como el acné, enfermedades inflamatorias del intestino, como el

Crohn, e incluso enfermedades o trastornos neurológicos, por esa conexión microbiota-cerebro de la que te he hablado en el capítulo anterior.

Seguramente también hayas pensado en la resistencia a los antibióticos. Más adelante encontrarás un capítulo dedicado solo a ello en el que te contaré con mucho más detalle cómo pueden ayudar las bacterias a luchar contra sus compañeras y acabar con infecciones complicadas; eso sí, con la ayuda de los científicos.

BACTERIAS COMO FÁBRICAS DE MOLÉCULAS PARA LA VIDA

Puede que el título me haya quedado demasiado romántico, pero verás que es así. Desde que los investigadores se dieron cuenta del potencial de las bacterias, han intentado utilizarlas para producir aquello que por síntesis química es imposible o resulta sumamente caro, pues son auténticas fábricas. No obstante, si bien en una fábrica normal el diseñador y el jefe conocen cada una de las máquinas, los trabajadores y los procesos, en estas solo puedes hacerte una idea de lo que ocurre en ellas, pero al dedillo no lo sabes, lo que hace que todo sea mucho más complicado.

Aun así, hoy en día se producen muchas moléculas básicas para la vida de millones de personas de forma segura y muy eficaz en grandes fábricas de bacterias. No sé cómo pensarás que son, así que voy a tratar de que entiendas lo que encontrarías en una de ellas.

Primero de todo, tienes que imaginarte grandes naves, como las de una fábrica de cerveza, con enormes tanques uno al lado del otro cuya temperatura, presión y humedad son controladas veinticuatro horas al día. En ellos, hay bacterias flotando en un líquido rico en los nutrientes ideales para ellas, como si de un banquete se tratase. Miles de millones de unidades de bacterias creciendo y multiplicándose a la vez que van fabricando aquello que deseamos.

El producto pueden liberarlo las bacterias, por lo que solo habría que separar el medio de ellas y purificarlo, o puede quedarse en el interior de las células cuando se produce, en cuyo caso el procedimiento es un poco más complejo: se separa el líquido de las bacterias y estas se tratan con sustancias que hacen que sus paredes y membranas se rompan, liberando todo lo que hay en su interior. Cada día se cometen millones de asesinatos de bacterias en cientos de fábricas, esto es así, pero no te preocupes, no hay sufrimiento. Una vez tenemos todas esas sustancias mezcladas en el medio, toca separar lo que queremos. Para ello, dependiendo de la naturaleza de la molécula, se utiliza un procedimiento u otro, que al fin y al cabo lo que hace es dejar lo más puro posible aquello que se desea. Es como cuando se extraen el azúcar de la caña o extractos de otras plantas. Esas células tienen algo en su interior que nos interesa, así que nos buscamos la vida para conseguirlo de la forma más pura y limpia posible.

Esto no supone ningún peligro para quien consume las moléculas o las utiliza, puesto que en ellas no existe ninguna bacteria ni posibilidad de que haya. Las contaminaciones son muy difíciles, y más aún que una bacteria sobreviva a todo el procedimiento.

Para que una bacteria pueda utilizarse como fábrica de moléculas, tiene que cumplir varios requisitos: ser estable genéticamente (si muta justo donde tenemos el gen de interés, se lía), crecer de forma rápida y fácil, ser barata de producir (dentro de unos límites) y ser fácil de manipular genética y bioquímicamente, pues hay bacterias muy resistentes y sería imposible aislar el producto de interés.

De hígado de cerdo a bacterias: la producción de la insulina

Para mí, este es el ejemplo estrella de la utilización de bacterias. La *Escherichia coli* transgénica sirve para producir una molécula que da vida a millones de personas: la insulina.

Durante el siglo xx, las personas diabéticas lo tenían muy difícil para sobrevivir. Primero, porque no era fácil saber si lo eran o no, pues dependía del país en el que viviesen y sus condiciones, y, segundo, porque no había forma de conseguir insulina. Se sabía que el páncreas la producía y que disminuía la glucosa en sangre y orina en perros diabéticos, pero en humanos aún no se había probado.

En 1922 se consiguió purificar la insulina del páncreas de cerdo y se utilizó por primera vez para tratar la diabetes. Pero, ojo, para conseguir medio kilogramo de insulina, se necesitaban más de cinco mil kilogramos de páncreas. Toda una montaña de páncreas de cerdo que tenía que procesarse en condiciones higiénicas complicadas y que conllevaba que solo se pudiese tratar a unos pocos pacientes.

Una persona necesita pincharse durante toda su vida, a veces varias veces al día, por lo que, en esa época, con las tremendas cantidades de páncreas de cerdo que se requerían y todo el trabajo que conllevaba, la insulina era solo para los más ricos. Además, el tratamiento no era permanente, porque la insulina de cerdo no es igual que la humana y provocaba una respuesta inmunitaria que acababa con su eficacia.

Hoy en día, no hacen falta miles de kilos de páncreas, sino una fábrica de insulina hecha por bacterias transgénicas a las cuales se les añaden los genes necesarios para que la expresen. Tras un proceso de purificación algo complejo, se obtienen kilos. Una forma mucho más barata y accesible para todo el mundo. Así que, sí, la insulina la producen bacterias transgénicas. Puede sonar terrorífico para algunas personas, pero dudo que se negasen a pincharse si realmente lo necesitaran. Este es un claro ejemplo de biotecnología aplicada a la salud: se aprovechan bacterias que ofrece la naturaleza con el fin de producir una molécula básica para la vida de miles de personas.

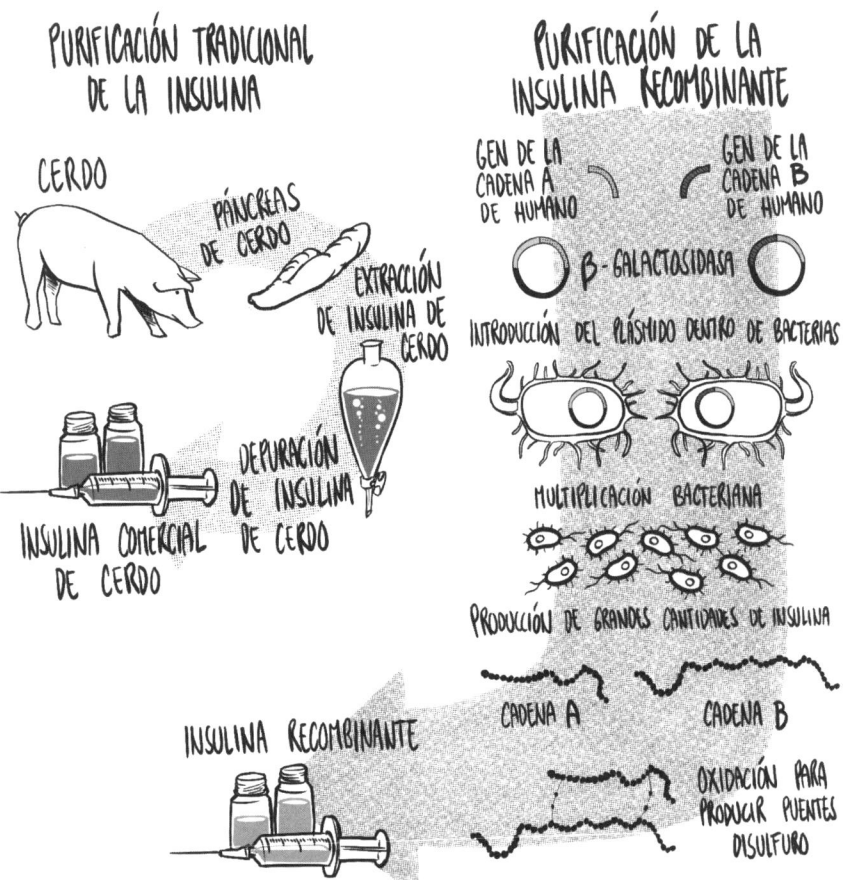

Figura 12. La producción de insulina en las bacterias

PRODUCCIÓN DE ANTIBIÓTICOS POR BACTERIAS

¡Ah, sí! Parecerá extraño así de primeras, pero las bacterias son capaces de crear armas para matarse entre ellas, de modo que los humanos no somos los únicos en hacerlo (pero sí los más absurdos, teniendo en cuenta que nosotros tenemos cerebro, y ellas no).

La gran mayoría de los antibióticos los producen seres vivos, y muchos de ellos son microorganismos que lo hacen como un extra a lo que resulta imprescindible para su metabolismo. No obstante, ningún organismo se va a poner a producir nada y perder energía y recursos porque sí; todo tiene una finalidad. Hay dos hipótesis que explican la producción de antibióticos por parte de las bacterias. Una de ellas es la ventaja ecológica, ya que una bacteria que produzca una molécula que impide el crecimiento de otra va a tener más ventajas a la hora de crecer y alimentarse que la que no lo hace. El antibiótico actúa como un arma con la que luchar para que no le quiten el territorio ya invadido, y los restos mortales de las que mata le sirven de alimento, así que es un plan sin fisuras.

Por otro lado, los antibióticos son una forma de comunicación entre las células. Resulta que estas moléculas se producen cuando una bacteria deja de crecer no en tamaño, sino en número. Se ha observado que, cuando dejan de multiplicarse, empiezan a generar estas moléculas, por lo que se cree que podrían ser mensajeras entre los distintos miembros de una especie para avisar de que el entorno ya no es lo que era y que hay que prepararse para dejar de crecer e intentar sobrevivir.

Independientemente de ello, lo que nos interesa aquí es que las bacterias pueden actuar como fábricas de antibióticos, y no solo eso, sino que la investigación de estos casos nos puede brindar nuevos antibióticos para luchar contra la resistencia. En la actualidad, cerca del 60 % de los antibióticos que compramos en la farmacia vienen de un tipo de bacteria, las actinobacterias. En concreto, la principal fuente es la *Streptomyces coelicolor*, por lo que tiene una enorme importancia para los seres humanos.

Las bacterias son capaces de generar más de seis mil productos, entre los que encontramos moléculas antibacterianas, como la tetraciclina, la eritromicina o la kanamicina; antifúngicos, como la nistatina; moléculas potencialmente antitumorales, e inmunosupresores.

Producción de otras sustancias terapéuticas

Estos organismos son capaces de hacer muchísimas cosas, ya lo sabes, pero en este capítulo he querido centrarme en la parte más médica por su importancia, y uno de los aspectos que hoy en día más se valora es la cura del cáncer.

Como sabes, el cáncer es una enfermedad que puede padecer cualquiera en cualquier momento y se produce por distintos factores. Es devastador y, sin ninguna duda, toca muy a fondo la vida de las personas. Hoy en día, por la gran necesidad que existe, se están buscando moléculas que ataquen al cáncer hasta debajo de las piedras. Una alternativa para producir esas moléculas son las bacterias.

En este caso, en lugar de atacar algún proceso vital de una bacteria, como hacen los antibióticos, se busca la forma de matar a la célula cancerígena a la que se le ha ido la cabeza y se está dividiendo sin control. Esa división provoca que el órgano donde ocurre no cumpla su función y que se quede sin oxígeno y nutrientes. Además, a la larga puede extenderse a otros órganos. Realmente, el comportamiento de estas células es como el de las bacterias: dividirse sin parar, coger todo lo posible del entorno para sobrevivir e invadir otros lugares para hacerse con el poder.

DATO CURIOSO
El olor a tierra mojada y las bacterias

No podía seguir escribiendo este libro sin hablarte de este pedazo de curiosidad que siempre cuento a todo el mundo, por lo que seguro que están hartos de oírme.

Streptomyces coelicolor es la bacteria que provoca el olor a tierra mojada, tan característico al caer las primeras gotas en la tierra cuando llueve o al regar. Incluso hay gente capaz de detectarlo en el vino o en un vaso de agua. Esto se debe a la geosmina, un compuesto que sintetiza esta bacteria (entre otras) y que resulta extremadamente útil para algunos animales. Esta molécula está implicada en la supervivencia de los camellos en los desiertos, pues les da la señal de que hay agua cerca y se cree que es uno de los mecanismos por los que los camellos son capaces de encontrar agua a más de ochenta kilómetros de distancia.

A partir de ahora, ya puedes darles la lata a tus amigos con lo de que el olor a tierra mojada lo produce una bacteria, que la molécula se llama geosmina y que sirve para que los camellos encuentren agua en el desierto. Por experiencia te digo que quedarás genial.

El problema de los antitumorales es que atacan procesos celulares de las células cancerígenas que también se encuentran en las células sanas, pues la molécula en sí no es capaz de diferenciar quién es el bueno y quién es el malo, de ahí la gran cantidad de efectos secundarios que provocan, los cuales se pretende reducir.

Existen muchos antitumorales producidos por bacterias, la mayoría del género *Streptomyces*, al igual que ocurría con los antibióticos. Aquí te dejo una tabla con los más destacados y su método de ataque:

Nombre antitumoral	Forma de ataque	Bacteria productora
Actinomicina D	Bloquea la formación de ARN mensajero	*Streptomyces*
Rapamicina	Rompe el ADN	*Streptomyces hygroscopicus*
Estaurosporina	Bloquea la división celular	*Streptomyces staurosporeus*
Antraciclina	Bloquea la formación de ARN mensajero y la replicación	*Streptomyces peucetius*

Otro ejemplo de uso de bacterias son las vacunas. En este caso, no como fábricas, sino de modo que ellas mismas provoquen la respuesta inmunitaria deseada en el cuerpo. Como sabrás, nos vacunamos para protegernos frente a distintos patógenos, aunque los más famosos sean los virus y la mayoría de la gente solo asocie las vacunas con estos. La vacuna de la tosferina, difteria y tétanos, la meningocócica o la neumocócica están diseñadas para protegernos frente a las bacterias patógenas que nos pueden ocasionar estas infecciones y, para prepararlas, se usan las propias bacterias.

Para elaborar una vacuna, se tiene que hacer crecer la bacteria patógena en cantidades industriales (trabajar ahí me daría un poco de yuyu) o un microorganismo que sintetice el material que proviene del patógeno con el que se fabrica la vacuna. El hecho de que haya que hacer crecer microorganismos patógenos implica que las empresas dedicadas a ello tengan un control de seguridad y certificación superestricto. Piensa que, si a la persona encargada se le va la cabeza, puede usar toda la tecnología para hacer crecer bacterias peligrosas con el fin de usarlas como armas biológicas, y se podría liar mucho. De momento, esto no ha ocurrido, por lo que podemos fiarnos bastante de los trabajadores de la industria, pero creo que, si la gente fuera consciente de muchas de estas cosas, tendría mucho más miedo a la humanidad.

Entonces, si las vacunas llevan bacterias patógenas, ¿por

qué no enfermamos? Bueno, porque en realidad no se utiliza el microorganismo ahí a pelo y vivo, sino que se lo somete a distintos procesos (en función del tipo de vacuna) para que no pueda infectar. Un ejemplo son las vacunas recombinantes, en las que se inserta el gen de un trocito del patógeno en una bacteria, que actúa como fábrica, y luego se purifica. Esto se hace así, por ejemplo, en la vacuna de la hepatitis B, en la que la bacteria produce proteínas del virus de forma muy segura y eficaz. Otro ejemplo son las vacunas inversas, en las que se incluye el patógeno, pero solo con los genes que interesan para la respuesta inmunitaria, una vez eliminados aquellos más peligrosos, como en el caso de la vacuna frente al meningococo del serogrupo B.

A veces, para que la respuesta inmunitaria sea mejor, en las vacunas se incluye lo que se conoce como «adyuvantes», que también pueden ser fabricados por bacterias. Este fue mi trabajo de fin de máster y recuerdo con mucho cariño todo el proceso de meter el gen del interferón de pez (sí, hacía vacunas para peces) en una bacteria, hacerla crecer y luego rezar muy fuerte para poder purificar la proteína mientras observaba durante horas una columna llena de líquido vaciarse gota a gota, en las cuales tenía que estar mi proteína enterita y bien plegadita para que la hipotética vacuna funcionara. Nunca supe si funcionaba o no, pero fui muy feliz al conocer todo este proceso y pensar que podía aportar algo al mundo.

La mayor parte de las vacunas que se están produciendo o desarrollando hoy son recombinantes y se fabrican con técnicas de manipulación genética por su gran productividad y su seguridad, ya que no se hace crecer a gran escala el patógeno y no hay contaminación de otros productos que causen una reacción inmunitaria exagerada. Sin embargo, puede haber inconvenientes, como una mala fabricación por parte de la bacteria fábrica y que no se genere una respuesta inmunitaria o que la inmunidad sea de corta duración, con lo que se necesitan dosis de refuerzo. Pero la seguridad es lo más importante y este tipo de vacunas lo son.

No quería cerrar este capítulo sin comentar dos casos de moléculas que quizá no te parezcan tan terapéuticas, pero que son ampliamente utilizadas en medicina: la vitamina B12 y la toxina botulínica (el bótox).

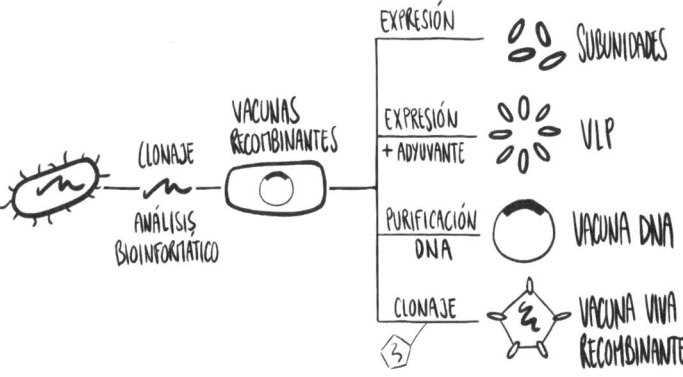

Figura 13. La vacuna recombinante*

La vitamina B12 es esencial para el metabolismo celular, ya que cumple un papel fundamental en muchos procesos, como en la formación de glóbulos rojos (sin los cuales no podemos vivir ni un segundo) y en el mantenimiento del sistema nervioso. Sin ella, tendríamos graves problemas de anemia, demencia, falta de equilibrio y mucha debilidad, lo que dificultaría nuestra vida. Sin embargo, esta vitamina solo pueden sintetizarla los procariotas. Así es, ningún animal de este planeta puede hacerlo por sí mismo, así que dependemos de las bacterias al cien por cien para ello, ¿cómo te

*   Sánchez, M., *Pero ¿qué han hecho los microbios por nosotros? Fundamentos de biotecnología industrial*, 2.ª edición, García Maroto Editores, L'Hospitalet de Llobregat, 2022.

quedas? Los animales adquieren esta vitamina al ingerir bacterias, que pasan a su intestino, donde la producen. Una vez que la bacteria la libera, el organismo la acumula o la desecha. Así que, cuando comemos carne rica en B12, esa vitamina la han generado en el intestino del animal las bacterias que ingirió en su día.

Para aquellas personas que no toman este tipo de productos o que tienen deficiencia por algún motivo, hay vitamina B12 como complemento alimenticio. Adivina cómo se obtiene: por producción industrial utilizando bacterias como *Pseudomonas denitrificans* y *Propionibacterium shermanii*. Un ejemplo doble de lo que nos aportan las bacterias tanto de forma natural en los intestinos de los animales como de forma industrial.

Y, por último, quería hablar del bótox. Aunque se le atribuya solo una función estética, se utiliza como terapia en afecciones como la migraña, el bruxismo, el estrabismo o la rosácea. Esta toxina tiene la capacidad de paralizar los músculos, por lo que, en casos como el bruxismo o el estrabismo, ayuda a que estos no se contraigan de manera anormal. Esta sustancia la produce de forma natural la bacteria *Clostridium botulinum* y es uno de los venenos más potentes, ya que sobra con dos nanogramos por kilogramo para matar a una persona al inhibir la contracción muscular de todos los músculos, incluido el diafragma.

En 1973, a un oftalmólogo llamado Alan B. Scott se le ocurrió que podría utilizarla para curar el estrabismo y, en 1977, se realizó el primer tratamiento con ella. Usarla como tratamiento estético fue pura casualidad: una paciente de la oftalmóloga Jean Carruthers que tenía un blefaroespasmo notó que las patas de gallo y las arrugas de la frente le desaparecían cuando la trataban. Jean se lo comentó durante una cena a su marido, que casualmente era dermatólogo y cirujano plástico, y decidieron ponerlo en práctica con su secretaria y con ella misma. Todo muy surrealista, pero así comenzó este negocio, que se hizo famoso en 1993.

En 2018, las ventas de esta molécula llegaron a los 4.500 millones de dólares, por lo que el interés en producirla es muy alto. Sin embargo, la toxina botulínica está clasificada como arma de destrucción masiva, así que su producción está limitada y solo la llevan a cabo unas pocas instalaciones de alto nivel que cuentan con una autorización especial.

En definitiva, como has comprobado, las bacterias nos han aportado muchísimo a nivel científico y médico, y lo siguen haciendo con cada descubrimiento. Si lo piensas bien, solo hemos sido capaces de identificar una parte muy pequeña de todos los microorganismos que hay en la Tierra, así que imagínate todo lo que nos queda aún por descubrir.

CAPÍTULO 6

• • •

BACTERIAS EN LA INDUSTRIA

Puede que pienses que ya tienes una idea de todo lo que somos capaces de hacer con las bacterias, pero, créeme, solo hemos visto una pequeñísima parte. Todos los días usamos no una, sino varias cosas que han fabricado bacterias, y no estoy hablando de productos médicos. Sin embargo, la verdad es que se conoce muy poco al respecto porque siempre nos centramos en lo malo que tienen las bacterias, lo cual es normal, pero al final tienen una fama que no merecen.

Hace trece mil años ya se utilizaban las bacterias (sin saberlo) para fabricar uno de los productos preferidos de muchos españoles: la cerveza. Todo comenzó con la primera bebida alcohólica de la historia, el hidromiel, una mezcla de agua y miel que se dejaba fermentar en un recipiente en contacto con el aire durante unos días. El resultado era una bebida espesa con un toque ácido y dulzón, aunque su sabor y características variaban entre recipientes, e incluso algunas veces se corrompía y el líquido era imposible de tomar.

Con el tiempo se supo que, si se añadía un poquito del hidromiel fermentado que había salido bien a una nueva mezcla de agua y miel, el que se generaba al cabo de los días también era de buena calidad y muy similar al primero. Esto se debía a que se incluían (sin saberlo) los microorganismos que habían fermentado en la primera mezcla y, al ponerlos en la nueva, seguían el mismo proceso, pues no todas las bacterias y levaduras metabolizan la miel igual. Probablemente, que el hidromiel se pusiera pocho en algunos recipientes se debía a microorganismos no deseados.

Digamos que en ese momento nació la microbiología industrial, cuya finalidad es utilizar las bacterias para producir algo de interés en grandes cantidades. A lo largo de los años siguientes, nuestros antepasados se dedicaron a ir mejorando el proceso cambiando la temperatura y la humedad o añadiendo nuevos ingredientes. Y también fermentaron otras bebidas, como el mosto de uva, la malta o la leche: así nacieron el vino, la cerveza o el kéfir, e incluso dieron utilidad a las mezclas que salían mal, como el vinagre, todos ellos productos consumidos hoy en día en todo el mundo.

Hay que tener en cuenta que, con las condiciones de higiene de aquella época, las bebidas alcohólicas eran la manera más segura de tener líquido disponible, puesto que en ellas hay patógenos que no pueden crecer, cosa que sí sucede en el agua estancada. Además, gracias a sus ingredientes, se obtenía un aporte calórico importante en épocas de escasez.

Sin ser conscientes, aquellas personas estaban utilizando microorganismos y *domesticándolos* para que fabricaran lo que deseaban. Esto también se aplicó a otros productos, como el pan o los lácteos. Es que, de verdad, hay bacterias en todos los sitios y tienen un papel superimportante para nosotros allá donde mires, es impresionante.

En el siglo XIX, esto se convirtió en una ciencia, y dejó de ser cosa del azar, gracias a Louis Pasteur. Este hombre no solo inventó la pasteurización para eliminar las bacterias, también observó otras cosas muy importantes, como son la fermentación láctica y la fermentación alcohólica, los dos procesos químicos que se utilizan para generar bebidas alcohólicas y productos lácticos. Incluso fue uno de los primeros en patentar un fermentador, un recipiente con las características adecuadas para que ocurra la transformación química del producto.

Pero no solo investigó sobre fermentaciones y cómo eliminar microorganismos, sino que generó dos vacunas, como ya hemos visto. ¡Era una máquina!

En este capítulo te voy a mostrar algunas de las aplicaciones de las bacterias en distintas áreas de la industria que quizá no te esperes. Descubrirás que, a pesar de ser muy pequeñas, son capaces de hacer grandes cosas.

LAS BACTERIAS EN LA INDUSTRIA ALIMENTARIA

Hoy en día, la industria alimentaria está en el ojo del huracán, con todas las corrientes de alimentación saludable que están surgiendo. Sin ninguna duda, es una de las más vigiladas por la sociedad en cuanto a calidad, ingredientes y procesos de fabricación, porque al final somos lo que comemos y queremos saber qué es (aunque no todos). Parece que cada día la calidad de la comida disminuye, los tiempos de elaboración son más cortos y los ingredientes de los que partimos de peor calidad, además de que está más normalizado tomar productos procesados y de mala calidad que productos sin procesar.

Hace unos años, la preocupación era otra. La escasez y las medidas de higiene convertían en necesidad almacenar los alimentos mucho tiempo. Como recordarás, mi abuela me contó que cuando recogían patatas las guardaban debajo de la cama durante semanas y que todo lo que sacaban de los cerdos lo ponían a secar para que durase más. Aquí desempeñaban un papel muy importante los microorganismos y sus fermentaciones, pues competían contra aquello que podía pudrir el alimento, poniéndoselo más difícil con un medio más ácido.

En realidad, antiguamente la fermentación no se hacía tanto por el sabor o las cualidades del queso, del yogur o del pan como por alargar la duración de los alimentos, ya que en época de escasez eso significaba sobrevivir. Hoy en día, la utilizamos para darles características especiales y disfrutar de ellos, al menos en los países más desarrollados (ojalá fuese así en el mundo entero).

Un alimento fermentado es aquel elaborado gracias al crecimiento de microorganismos y la acción de sus enzimas, que transforman así sus componentes proporcionándole cualidades que no tiene. Prácticamente, cada cultura tiene su alimento característico, cada uno de ellos con un microorganismo asociado, que no siempre es una bacteria; por ejemplo, la cerveza, el vino, el sake, el queso, los embutidos, el chocolate, el pan, el vinagre o la salsa de soja. Todos estos alimentos los ha transformado un microorganismo en el proceso que conocemos como fermentación.

En algunos casos, solo se consigue con una cepa determinada, no basta con la especie. Esto se debe a que, durante miles de años, nuestros antepasados se dedicaron a ir seleccionando microorganismos y a domesticarlos, por lo que, si intentamos cambiarlos, nos sería imposible, ya que han *nacido* para eso y han evolucionado con los productos. Por ejemplo, en los restos de un naufragio de 1840, se encontraron botellas de champán y se intentó aplicar sus microorganismos de fermentación a la bebida actual, pero no funcionó, pues estaban adaptados a aquella época y hoy en día no servían. Porque, aunque el trigo sea trigo y la uva sea uva, todos los organismos vivos van evolucionando a lo largo del tiempo, y más aún cuando hay seres humanos conduciéndola.

Aunque no trabajemos con ingeniería genética y metamos los genes que nos interesan o los quitemos, al cruzar las especies que queremos o al seleccionar aquellas que tienen las características deseadas estamos haciendo que la evolución vaya en esa dirección y que la mutación o el cambio generado por azar en esa planta se convierta en lo normal y sea la base de su descendencia. Así que, aunque esto no ocurra en un laboratorio, también son modificaciones. Por ello, la uva que comía nuestra abuela no tiene nada que ver con la de hoy, y eso no quiere decir que sea mejor o peor (aunque en algunos alimentos, como los ultraprocesados, la cosa sí que está peor, pero este es otro tema).

Ya en el siglo XIX se empezaron a identificar los microorganismos que provocaban que la leche se convirtiese en un maravilloso queso o que la cebada pasase a ser una bebida con alcohol. Así comenzó a formarse el banco de microorganismos de hoy, cada uno para cada cosa: a esto se lo conoce como «cultivo iniciador». Se llama así porque las bacterias tienen que cultivarse para que crezcan, igual que las plantas, pero usando medios adecuados en lugar de tierra. Al final, se trata de un grupo de bacterias con unas determinadas características, que han crecido en condiciones controladas y están libres de virus (virus de bacterias), que se añaden a un alimento para llevar a cabo la fermentación y obtener los sabores y texturas deseados. La mayor parte de los cultivos iniciadores que se comercializan en la actualidad son de bacterias lácticas que producen la fermentación desde los azúcares a ácido láctico, cada una a su manera, otorgando distintas características al alimento, como las del género *Lactococcus* en los quesos, la *Lactobacillus plantarum* en los embutidos o la *Tetragenococcus halophila* en la salsa de soja.

Actualmente, en la Unión Europea no está permitido que los organismos se modifiquen genéticamente en un laboratorio adrede, pero sí pueden producirse usando técnicas clásicas, como radiación ultravioleta, rayos X o similares, que provocan mutaciones aleatorias sin saber qué va a ocurrir. Esto no es un peligro, que conste, pero desde mi punto de vista es algo absurdo que esté permitido generar mutantes con agentes externos sin saber lo que se hace, pero no de forma dirigida sabiendo qué letra del ADN se va a cambiar y con qué fin.

Las bebidas alcohólicas, la mayor industria de la microbiología

La cerveza es el principal producto de la microbiología industrial tanto en volumen como en producción y ventas. La primera mención a esta bebida fue de los sumerios en la factura de Uruk, donde aparece como pago a un trabajador. La elaboraban principalmente las mujeres, de ahí que tuvieran una diosa de la cerveza, a la que le dedicaron hasta un himno. Esta bebida se ha venerado desde siempre, y se sigue haciendo, pero ahora para muchos la diosa es la propia cerveza.

No es que la cerveza sea un ejemplo perfecto de utilización de bacterias en la fermentación, ya que la producción del alcohol a partir de la cebada se hace principalmente gracias a una levadura, un organismo formado por una única célula eucariota que cambia en función del tipo de cerveza que se quiera. Por lo general, las bacterias que se meten sin querer en el proceso de producción solo fastidian la cerveza, pues afectan a su calidad y estabilidad.

Sin embargo, existe otra bebida muy famosa en nuestro país en la que las bacterias sí cumplen un papel clave: el vino. Aunque la levadura sigue desempeñando una función importante en la fermentación principal, las bacterias entran en juego en el momento de la maduración del vino. Los vinos normales de mesa se suelen almacenar durante un mes en tanques de acero inoxidable a baja temperatura, pero los de mayor calidad (y precio) suelen almacenarse en barricas de roble durante mucho más tiempo. En la etapa de maduración o envejecimiento, las bacterias lácticas, que o bien se encuentran de forma natural en la uva o bien se añaden, en los vinos tintos llevan a cabo la fermentación láctica: en las uvas, se encuentra de forma natural el ácido málico, que se convierte en ácido láctico. Durante este proceso se consigue reducir la acidez del ácido málico y suavizar el sabor del vino. En el vino blanco y en el rosado también se da fermentación maloláctica, pero solo a veces.

Algo similar ocurre con la fermentación de la masa del pan y no la que conocemos todos con la levadura, sino la que realizan las bacterias cuando la masa se deja reposar un tiempo determinado. De hecho, es la base de las famosas masas madre, ahora tan famosas, que se pueden conservar durante años, y no son más que un conjunto de harina, agua, levadura y un montón de bacterias que van «digiriendo» la masa poco a poco y generando nuevos sabores y texturas que le dan al pan que se dé en ella un toque muy especial.

Además, se ha demostrado que estas masas son mucho más fáciles de digerir por nosotros, ya que estas bacterias han ido haciendo el trabajo antes de empezar nosotros a comérnoslo. Así que si tienes problemas de digestión con el pan, quizá pueda ayudarte buscar un pan de masa madre (de verdad, no uno cualquiera) y comprobarás que la digestión es mucho más ligera.

Productos lácteos: la joya de la corona

No veas la de productos que tenemos gracias a la leche y las bacterias que la procesan, ¡brutal!, y a cuál más bueno. Las bacterias son las estrellas indiscutibles en el mundo de los productos lácteos porque su papel es crucial, en especial en productos como el yogur o el queso. Para ellas, la leche es un medio de crecimiento perfecto, pues en ella tienen prácticamente todo lo necesario para crecer y vivir, transformando los azúcares presentes en ella en ácido láctico en la mayoría de los casos.

Ese ácido hace que los componentes de la leche se transformen, como las proteínas, y que adquieran esas texturas y sabores, como los del queso, que enamoran a millones de personas. En la producción de este, las bacterias no solo contribuyen a darle un sabor y aroma únicos, sino que también desempeñan un papel clave en el proceso de cuajado gracias a la producción de ácido láctico a partir de la lactosa, lo que ayuda a que la leche se coagule y forme esa cuajada de la que se parte para que el queso madure.

Figura 14. La desnaturalización de las proteínas

Durante la fermentación, las bacterias producen compuestos que dan lugar a una gran variedad de sabores en función de la especie que se utilice, que otorgará una característica distintiva al queso. No tenemos que confundirlas con los hongos que encontramos en quesos como el azul o el roquefort, que están ahí de forma controlada y también intervienen en su sabor y textura.

Las bacterias tienen una función más importante en quesos en los que no se ve nada, como el manchego, en el que *Lactococcus lactis* y *Streptococcus cremoris* actúan desde dentro fermentando poco a poco el cuajo de la leche y otorgando ese olor y sabor tan característicos. Otro ejemplo guay es el del queso emmental; seguro que te vienen a la cabeza los enormes agujeros típicos de este queso que suele aparecer en los dibujos animados, también debidos a una bacteria, la *Propionibacterium shermanii*, al hacer su fermentación y generar grandes cantidades de dióxido de carbono.

Sin embargo, como todo en la vida, esto tiene una parte negativa: la posibilidad de que se dé una contaminación por esporas de *Clostridium difficile*, sobre todo cuando el queso se elabora con leche cruda. Como en su interior no hay oxígeno, las esporas de esta bacteria, que crece en ausencia de él, pueden germinar y se puede liar, pues generan mucho gas y compuestos que hacen que el queso se pudra.

Luego, encontramos el caso del yogur, para el que bacterias como *Lactobacillus bulgaricus* y *Streptococcus thermophilus* son esenciales. El proceso es prácticamente el mismo que en el queso: el ácido láctico hace que las proteínas se desnaturalicen, es decir, que pierdan su forma natural y que dejen de estar disueltas en el agua. Esto hace que se cuaje y se forme una masa de microorganismos y proteínas rica en nutrientes. La cantidad mínima de estos nutrientes tiene que ser de 107 unidades formadoras de colonias, que más o menos es el número de bacterias. Si la cantidad es de 108, estamos hablando ya de yogur probiótico, pues su ingesta mejora la digestión de la lactosa del producto si se tienen problemas para hacerlo, según el Reglamento UE n.º 432/2012.

La fermentación del yogur es el resultado del trabajo en equipo de estas dos bacterias. *Lactobacillus delbrueckii subsp. bulgaricus* libera unas sustancias que promueven el crecimiento de la segunda, *Streptococcus thermophilus*, la cual comienza a liberar dos ácidos que, a su vez, favorecen el crecimiento de la primera, entrando en un círculo de retroalimentación positiva. Al mismo tiempo, ambos microorganismos están fermentando la lactosa y produciendo ácido láctico, lo que hace que baje el pH y la leche se coagule. Y es que las bacterias no solo hacen una fermentación en su metabolismo, sino que son capaces de llevar a cabo varias a la vez, como nosotros, y las moléculas resultantes son las que dan el sabor y la textura característicos a cada producto.

Hablando de probióticos, se merecen una mención en esta parte del capítulo como productos industriales, y no tanto como algo médico. Según la Organización Mundial de la Salud (OMS), un probiótico es un microorganismo vivo que, cuando

DATO CURIOSO
¿Cuándo tengo que tirar el queso?

La pregunta del siglo siempre que hablo de alimentos contaminados. Con la fruta o el pan, lo tenemos más claro: si se ve el hongo, lo tiramos. Pero ¿cómo saber si el hongo del queso es el bueno o el malo?

Primero, quiero que te quites de la cabeza la idea de cortar la parte mala y luego comerte el resto, porque los hongos tienen toxinas que atraviesan el alimento y luego tú te las comes tan feliz pensando que ahí no hay nada, pero tremenda diarrea podrías pasar. Por otro lado, en el caso del queso azul o roquefort, tienes que fijarte en si los hongos que ves en ese momento son los mismos que había cuando lo compraste. Sí, aquí hay que hacer una especie de inspección de quesos, pero es lo que hay. Si ves pelillos blancos o verdes que no son los que había al principio, ¡a la basura!

Las bacterias son más difíciles de detectar, aunque en el jamón york, por ejemplo, se ven a la perfección unos pequeños puntitos blancos que van colonizando la superficie, que además en este producto crecen muy bien al ser tan liso. Así que ojito con la comida, fíjate bien y no te confíes. No vas a morir, pero te ahorras una buena gastroenteritis.

se administra en cantidades adecuadas, confiere un beneficio a la salud del hospedador. Este mundo está en auge, pero se requieren muchos estudios epidemiológicos extensos y caros para demostrar la repercusión de un microorganismo concreto. Hoy en día existen varios alimentos probióticos oficialmente declarados como tales. En el caso de Europa, la Autoridad Europea de Seguridad Alimentaria (EFAS, por sus siglas en inglés) reconoce tres: las bacterias del yogur *Lactobacillus delbrueckii subsp. bulgaricus* y *Streptococcus thermophilus*, siempre que estén por encima de 108 unidades formadoras de colonias, y la levadura *Monascus purpureus* para el tratamiento de hipercolesterolemia.

En nuestro país, es famoso el Actimel, uno de los ejemplos más llamativos (por decirlo de alguna forma) de cómo la publicidad crea una corriente de creencias sobre algo que no se ha demostrado científicamente. No hace mucho que la legislación se endureció y ya no se puede poner con tanta facilidad que un producto ayuda al sistema inmunitario, porque lo de este en concreto era demasiado descarado. No hay bastantes pruebas científicas que sustenten que tener miles de millones de una bacteria concreta en un líquido ayude a nada a una persona sana, y menos sin saber si esta tiene algún desequilibrio. Si su microbiota está perfecta, conforme beba ese líquido lo egestará (ojo con la palabra fina para referirme a defecar).

Y es por ello que han tenido que añadir vitaminas y otras sustancias para poder decir que hay pruebas científicas de que su producto ayuda al sistema inmunitario, pero, ¡ojo!, siempre que haya una deficiencia. No por tomarte un Actimel todos los días vas a esquivar una gripe o una gastroenteritis. Además, teniendo en cuenta el precio al que está, merece la pena que te tomes un yogur natural, que te va a aportar prácticamente lo mismo.

LAS BACTERIAS COMO ALIADAS DEL MEDIOAMBIENTE

Más que aliadas, las bacterias son parte de nuestro medioambiente (siempre pienso en lo mismo cada vez que digo la palabra: *medio* y *ambiente* es redundante). No obstante, por nuestra acción en este planeta, las necesitamos en más versiones de las que encontramos de forma natural para intentar arreglar el desastre creado.

El uso de microorganismos en el medioambiente es bastante antiguo, como ocurre con el estiércol utilizado para abonar o la biodepuración natural de las aguas residuales, pero fue en el siglo xx cuando se comenzó a apreciar realmente su potencial al descubrirse el papel tan importante que tenían en el mantenimiento de los ecosistemas y en la compleción de los ciclos biogeoquímicos.

Pues las bacterias en ciclos como el del carbono, el del nitrógeno o el del azufre, entre otros, son fundamentales porque son las que hacen que estos se transformen en algo útil para los demás organismos. No se tardó mucho en aplicar todo este conocimiento para beneficio de la humanidad o del entorno. Así, la ingeniería de las comunidades microbianas se utilizó para resolver problemas medioambientales; por ejemplo, mediante la biorremediación o la generación de bioenergías o alternativas menos contaminantes para los cultivos.

Con todo esto se abre todo un mundo de posibilidades en que los microorganismos podrían ayudar a la sostenibilidad del planeta; por ejemplo, se podrían diseñar bacterias captadoras de dióxido de carbono o capturadoras de agua en lugares con una gran desecación para aumentar la humedad del suelo. También se plantea la posibilidad de utilizarlos para degradar el plástico o restos de contaminantes, así como para captar los nutrientes de una forma más eficiente con el fin de mejorar la calidad de los cultivos.

Todas estas son ideas que se plantean para el futuro, pero los microorganismos ya se están utilizando ampliamente. Para que te hagas una idea del alcance de sus aplicaciones y de cómo nos ayudan las bacterias a mantener este planeta un poquito mejor, te voy a mostrar varios de sus usos.

Tratamiento de aguas residuales

Las aguas residuales son algo de lo que no nos podemos desprender, pues provienen de nuestra propia naturaleza, pero sí podemos cambiar la forma de gestionarlas. Antes, era mucho más común verter las aguas directamente al río o al mar y dejar que la naturaleza se encargara de ellas. Aunque en países como el nuestro ya no es así, siguen existiendo lugares donde esto es lo habitual y supone un problema ambiental muy importante.

Antiguamente, era posible biodepurar el agua de forma natural porque había muchísima diversidad de microorganismos y tenían una gran capacidad para degradar toda la roña que vertíamos. Con el tiempo suficiente, los microorganismos depuraban los contaminantes y restauraban las condiciones normales, y no suponía un gran problema, pues las agrupaciones humanas no eran muy grandes ni se generaban tantos residuos como hoy, con jabones, fármacos, químicos, etc.

Sin embargo, con el crecimiento de la población, la naturaleza ya no era capaz de eliminar todos esos contaminantes al ritmo que se vertían, por lo que hubo casos de contaminación del suministro de agua potable debido a estas aguas residuales y graves problemas de salud pública. En 1854, esto provocó en Londres uno de los brotes de cólera más famosos. Un médico, John Snow (sí, lo sé, se llama como el de «Juego de tronos»; así no te olvidas), se dio cuenta de que el origen de esas infecciones se encontraba en la contaminación microbiana de una de las fuentes de agua potable, y por ello es considerado el padre de la epidemiología moderna. Gracias a sus trabajos, se tomaron medidas de salud pública que hoy en día seguimos aplicando para evitar brotes como aquel.

Una de las medidas adoptadas, que seguimos aplicando,

es la depuración de las aguas residuales con el fin de acelerar y aumentar la eficacia de los procesos naturales de degradación, ya que a la pobre naturaleza no le da la vida para acabar con tanta porquería. Para depurar el agua, hay que eliminar todos los contaminantes que lleva; para ello, hay etapas de separación física, química y biológica. Primero, se separa todo lo sólido y, luego, se elimina una parte de contaminantes con tratamientos químicos, pero la última etapa solo pueden hacerla las bacterias y otros microorganismos: la degradación de la materia orgánica (los restos de los seres vivos, para que me entiendas).

En la mayoría de los casos, se trata de una masa algo mocosa de bacterias y restos orgánicos que van depurando el agua poco a poco y que se van decantando al fondo del tanque. Una vez eliminada el agua, esa masa (que debe de oler horrorosamente mal) puede volver a utilizarse para depurar las siguientes remesas de agua residual, como si de una masa madre se tratase.

Lo ideal sería tener conocimiento de qué lleva el agua para añadir los microorganismos más adecuados, pero suele ser imposible, por lo que la normativa especifica que cada industria ha de ser capaz de depurar sus propias aguas antes de verterlas; si no, se vuelve imposible. En los casos de aguas residuales de ciudades y pueblos, donde los residuos suelen ser todos más o menos los mismos, se utilizan bacterias como *Zooglea ramigera*, que retiran restos orgánicos y eliminan metales, y también algunas de los géneros *Sphaerotilus*, *Beggiatoa* o *Bacillus*, entre muchísimas otras que trabajan en conjunto para dejar el agua en condiciones.

Además, hay varios tipos de depuradoras y formas de hacerlo, pero lo importante es que sepas que todos esos restos que tiras por el váter al cabo del día los acaban digiriendo millones de bacterias con el fin de no contaminar nuestros mares y ríos y proteger nuestro planeta.

Bacterias para la biorremediación: el caso del *Prestige*

La propia palabra *biorremediación* da una pista de a qué se refiere: algo así como remediar con organismos vivos la tremenda liada de los seres humanos. Cuando contaminamos *sin querer* con productos como el petróleo, el impacto ambiental es tremendo.

No podemos olvidarnos de casos como el del *Prestige*, pues lo vivimos muy de cerca. A veces, cuando pasa algo muy lejos de nosotros o en culturas muy distintas a la nuestra, parece que no es tan grave, pero, cuando ocurre en nuestro país y vemos a compatriotas hablando sobre el tema y recogiendo palas y palas de petróleo de las costas gallegas, parece que duele más.

El fin de la biorremediación es utilizar microorganismos como aliados para solucionar problemas ambientales provocados por la contaminación. Lo ideal sería que estos fuesen capaces de degradar por completo cada contaminante que liberamos al entorno, pero eso muchas veces no es una realidad, aunque sí se puede conseguir que conviertan esa sustancia tóxica y dañina en algo menos tóxico que pueda tratarse posteriormente.

A veces, ni siquiera se puede depurar, así que nos tenemos que conformar con la bioinmovilización, como sucede con los metales pesados. Una bacteria no puede degradar estas enormes piezas de metal o transformarlas en algo menos tóxico, pues es una reacción que requiere mucha energía y solo se da en grandes reactores nucleares. Por lo tanto, nos tenemos que conformar con que consiga combinar el metal pesado con otro elemento y lo convierta en algo manejable, como si fuesen bolitas de metal que se pueden separar con otros métodos.

Lo bueno de la biorremediación es que es barata, por lo

general se puede hacer en el sitio y no se necesitan grandes medios, solo seleccionar el microorganismo adecuado y que este pueda crecer ahí. Eso sí, suele ser un proceso bastante lento y en ocasiones la movida es tan tóxica que ni los propios microorganismos son capaces de crecer, pero su papel resulta fundamental en muchos de los casos de grandes cagadas contaminantes.

Una de ellas fue el derrame de petróleo del *Prestige* el 19 de noviembre de 2002, hace más de veinte años. La carga era de 77.000 toneladas de petróleo y el vertido afectó a costas del norte de Portugal, Galicia y parte de Francia, aunque la zona más dañada, como sabrás, fue la costa de la Muerte gallega. Cuando el petróleo se vierte al mar, lo primero que ocurre es que se mezcla con el agua por la fuerza del oleaje, y esto hace que la mancha vaya expandiéndose cada vez más. Al llegar a la costa, se mezcla con la arena y forma el famoso chapapote, que es algo más complejo de eliminar. En el caso del *Prestige*, el papel de las bacterias para acabar con el chapapote fue fundamental.

La mayor parte del chapapote que había lo retiraron voluntarios. Por cierto, este se aprovechó al máximo, ya que se separaron el agua, el petróleo y la arena por distintos métodos: el agua se depuró, la arena contaminada se utilizó para elaborar arcilla y producir ladrillos y el petróleo se refinó para utilizarlo como combustible. No obstante, hubo partes a las que los voluntarios fueron incapaces de acceder para eliminar ese chapapote y ahí fue donde se aplicó la biorremediación, pero no se hizo llevando allí bacterias capaces de degradar el petróleo, sino estimulando a las bacterias presentes de forma natural para que degradasen el petróleo más deprisa.

Como te he contado al principio, en todos los sitios hay microorganismos capaces de degradar los restos, pero la fina-

DATO CURIOSO
Las bacterias no sirven solo de remedio, también de detección

Además de ayudarnos a eliminar lo que vertemos al medio, las bacterias pueden utilizarse como biosensores celulares de contaminantes. Modificándolas genéticamente, producen una señal ante la presencia de algún compuesto o grupo de compuestos, y de este modo se convierten en nuestros ojos en el mundo microscópico. A estas bacterias se las conoce como «cepas biorreporteras», un nombre fácil de recordar, ya que actúan como los enviados especiales a lugares donde nosotros no llegamos para que nos cuenten qué pasa allí.

El proceso consiste en coger una muestra del lugar donde se sospecha que hay contaminación, llevarlo al laboratorio y añadir estas bacterias. Según las modificaciones genéticas, estas cambian de color o emiten una luz o sustancia química detectable en el laboratorio. Si un contaminante está presente, la bacteria emitirá una señal determinada y así se sabrá cómo tratar ese residuo.

---

lidad de la biorremediación es acelerar el proceso. Para ello, en las zonas afectadas se vertió una mezcla de sustancias que hacían posible degradar el petróleo, ya que para ello se necesita nitrógeno y fósforo. Al añadir este tipo de *fertilizantes*, las comunidades de bacterias crecieron y degradaron el petróleo de forma más rápida y eficaz. Lo mejor de todo es que este líquido se mantuvo estable a pesar de las constantes lluvias de Galicia, y ayudó a que las bacterias se moviesen hacia el interior del petróleo y pudieran hacer mucho mejor su trabajo.

El papel de las bacterias en la agricultura más ecológica

Ya hace cientos de años se utilizaban restos biológicos para abonar las tierras de los cultivos porque se sabía que, por algún motivo, las plantas eran capaces de adquirir esos nutrientes y crecer gracias a ellos. A mí me parece una de las cosas más bonitas que existen en la naturaleza: la transformación de un desecho o restos que un organismo no quiere en algo que otro desea con toda su alma para crecer y reproducirse, cerrando el ciclo cuando un nuevo organismo lo consume. Sublime.

El compostaje es uno de los productos estrella en la agricultura y en él las bacterias cumplen una función principal, ya que el compost nace del procesamiento de la materia orgánica sólida por parte de estos microorganismos, que lo convierten en un abono perfecto para las plantas o la mejora del suelo. Durante la descomposición, parte del carbono que forma esa materia se convierte en dióxido de carbono y agua que se libera al entorno, pero otra parte se transformará en otros elementos útiles, y esto se consigue en un tanque lleno de restos orgánicos mezclados con lodos de depuradora, restos vegetales y, como la masa madre del pan, un poquito de compost maduro, que sirve de base para que las bacterias se pongan en marcha.

Esto tiene múltiples beneficios, pero, como estamos hablando de mezclar bacterias con cultivos que serán comida en un futuro, puede haber contaminaciones cruzadas peligrosas si el proceso de maduración del compost no se hace como es debido. Un ejemplo de esto fue un brote que hubo en Europa en 2011 debido a un caso de agricultura ecológica en el que se usaron excrementos de vaca poco madurados como compost, lo que hizo que apareciese la bacteria *Escherichia coli* y afectara a varias personas.

Otro ejemplo de producto estrella son los biofertilizantes, microorganismos que, al aplicarlos a semillas, plantas o suelo, colonizan las raíces o el interior de la planta y favorecen su crecimiento, ya que aumentan la disponibilidad de nutrientes o las salvan del ataque de otros patógenos. Estos tienen varias ventajas frente a los fertilizantes químicos de siempre, como ser más selectivos en su acción, no presentar problemas de lixiviación (que se vayan donde no deben) y proteger las bacterias del suelo. Sin embargo, aún están en el punto de mira, más o menos como los probióticos, pues se sabe que hacen algo, pero aún no se tiene muy claro qué y no valen para todos los cultivos.

De todas formas, ya hay biofertilizantes establecidos, como los fijadores de nitrógeno, que siguen un proceso consistente en tomar el nitrógeno del aire y meterlo en alguna molécula utilizable por los organismos vivos, y esto solo lo pueden hacer las bacterias y las arqueas. Las del género *Rhizobium* son de las más conocidas. Se usan en el cultivo de las leguminosas y se calcula que pueden fijar anualmente unas trescientas toneladas de nitrógeno por hectárea, ¡casi nada! Hoy en día, los microorganismos que más se utilizan son las cianobacterias, como las de los géneros *Nostoc*, *Anabaena* o *Spirulina*, pero su capacidad de fijación no es la misma que las del género *Rhizobium* y aún tienen algunas pegas. De todas formas, son una alternativa para que la tierra absorba los productos químicos de una manera más respetuosa con el medioambiente.

Y, por último, me gustaría hablar del control de las plagas por parte de bacterias, que sí, que también existe y es supercurioso: se trata de los biopesticidas. He de decir que estos representan aproximadamente el 4 % del total de los pesticidas que se utilizan hoy, pero creo que es cuestión de tiempo que se extiendan por su versatilidad. En concreto, hay un grupo que me llama la atención, los bioinsecticidas, compuestos por bacterias capaces de matar insectos mucho más grandes que ellas de una forma silenciosa y muy elegante. Por ejemplo, se emplea la *Bacillus thuringiensis*, cuyo primer uso data de los años veinte del siglo pasado, una especie de polvo a base de las esporas de esta bacteria que se esparcía con un aerosol por los cultivos, y que se descubrió en los gusanos de seda y en las orugas de la polilla de la harina.

Desde entonces, se ha utilizado esta bacteria, muy eficaz contra lepidópteros, básicamente todas las mariposillas y polillas que vemos por ahí y que fastidian algunos cultivos. Sus esporas se quedan en la superficie de la planta cuando se aplica el aerosol y allí la ingieren los insectos que se comen la planta. Esta espora tiene una característica especial: va acompañada de un cristal formado por moléculas de una toxina muy potente que se degrada si el pH es básico y empieza a liberarse. Cuando la oruga se come esta espora, su tubo digestivo comienza a destruirse y muere en cuestión de horas.

No obstante, lo mejor de todo no es eso. El insecto, lleno de esporas de esta bacteria, se convierte en un medio perfecto para que las bacterias germinen y empiecen a multiplicarse, consuman el cadáver y vuelvan a formar esporas con esos cristales, que serán el arma silenciosa de otra muerte. Un plan perfecto, pues la naturaleza por sí sola se encarga de poner orden. De este mecanismo nació la primera planta transgénica, que se quedó en un experimento de laboratorio, pero la idea fue el pistoletazo de salida. Dos investigadores introdujeron el gen que produce esa toxina en la planta del tabaco y así consiguieron que fuese resistente a estos insectos sin necesidad de las esporas.

Bioenergías bacterianas, una alternativa más sostenible

Tal y como está el panorama ahora mismo, el objetivo a largo plazo es sustituir los derivados del petróleo por compuestos orgánicos derivados de seres vivos u otras moléculas más sostenibles y alcanzar la deseada economía circular.

En la actualidad, se podrían obtener todos los combustibles derivados del petróleo utilizando microorganismos en biorrefinerías, así como el 40 % de todos los productos químicos generados en la industria petroquímica, como plástico, detergentes o disolventes. Sin embargo, no se hace porque no es rentable, pero a largo plazo no quedará otra alternativa.

Para obtener biocombustibles, se utilizan restos orgánicos como fuente de carbono (la base de los combustibles), que se transforman mediante fermentación microbiana u otros procesos. Pueden ser caña de azúcar, celulosa o almidón de maíz o de patata, entre muchos otros, lo que nos ayudaría a aprovechar restos generados en otros procesos de producción para obtener energía.

A partir de la acción de distintos microorganismos, se consigue bioetanol, biogasolina, biodiésel y biogás. Sin embargo, el proceso aún debe optimizarse para que el rendimiento sea mayor, sobre todo cuando se parte de material como la celulosa, proyecto que aún está verde (y nunca mejor dicho, ya que la celulosa viene de las plantas).

Ahora mismo, el futuro son los biocombustibles de tercera generación, producidos por microorganismos modificados genéticamente con el fin de afinar al máximo esa fermentación. La idea es que, si una empresa tiene un tipo de desecho y quiere aprovecharlo al máximo a nivel energético, por ejemplo, se diseñe una bacteria a medida capaz de degradar ese residuo en concreto y obtener una molécula capaz de darnos energía.

No obstante, hay que tener en cuenta que, al añadir una propiedad a una bacteria, como la de fermentar o metabolizar algo nuevo, hay que pensar que todo lo que se produzca en ese proceso o la energía que requiera tiene que ser compatible con su vida normal. Es como si a un ingeniero daltónico le dices que tiene que dar clase a niños pequeños sobre los colores: el pobre no podrá hacerlo por su condición natural. Sin embargo, si le dices que tiene que aprender a tocar la trompeta, sí que será capaz, pues su daltonismo no se lo impedirá. Con las bacterias, sucede más o menos algo así.

Un ejemplo de esto es la bacteria *Escherichia coli*, una de las más conocidas, ya que se cultiva en laboratorio desde hace años y se sabe prácticamente todo sobre ella. Se ha conseguido modificarla para obtener etanol a partir de hemicelulosa, un diseño desde cero de una ruta metabólica completa, que es una locura, pero se ha logrado. No obstante, como he comentado antes, aún no está implantado por el alto coste económico, aunque son los primeros pasos para el futuro.

CUANDO LAS BACTERIAS SIRVEN PARA CUALQUIER COSA EN LA INDUSTRIA

No sabía muy bien cómo meter en un mismo saco los demás usos industriales de las bacterias, así que te tendrás que conformar con este título.

Las bacterias, además de aportar en medicina, medioambiente y agricultura, nos dan cosillas que nos ayudan en el día a día. Por ejemplo, actualmente, está super de moda ponerse labios utilizando ácido hialurónico, un ingrediente que vemos en todas las cremas habidas y por haber del universo, así como en carteles de clínicas anunciado bien grande. Pues déjame decirte que esa molécula la fabrican bacterias. Al principio, se obtenía directamente de fuentes animales, como los ojos de las vacas, el cartílago de tiburón (que esto también te sonará de cremas) o la cresta de los gallos. Esta última era la fuente principal, porque se podían aprovechar las crestas que sobraban en los mataderos, pero no quedaba tan bien poner en la crema «con cresta de gallo» como «con cartílago de tiburón», aunque ambas cosas me parecen algo *trambólikas* en lo referente a cremas.

El problema estaba en que esta molécula podía causar reacciones alérgicas y los mataderos ya no daban abasto con tanta demanda, así que se tuvo que buscar algo más sostenible. En un principio, se comenzaron a utilizar a nivel industrial bacterias de los géneros *Streptococcus* y *Pasteurella*, que lo fabrican de forma natural para colocarse una especie de cubierta que las ayuda a pasar desapercibidas por el sistema inmunitario. Por esto último, intuirás que la bacteria utilizada, en concreto la *Streptococcus zooepidemicus* (el nombre ya nos da otra pista), era patógena. Aunque no suele infectar a seres humanos, hay una mínima probabilidad, y no estamos para jugárnosla por cuestiones de belleza, así que se optó por utilizar bacterias más inocuas, como *Escherichia coli* y *Bacillus subtilis*, modificadas genéticamente para generar la fermentación que da lugar a este ácido. Hoy en día, es la opción vegana, rápida y segura de obtener ácido hialurónico. Un ejemplo más de que la biotecnología está presente en cada paso que damos, en este caso de la mano de las bacterias.

Otro ejemplo que no quería dejarme en el tintero son los detergentes, capaces de degradar manchas que antes resultaba imposible, como las de sangre, pintura o chocolate. Además de jabón, estos contienen enzimas que degradan proteínas de la sangre, restos de almidón del chocolate o restos de grasa de una mancha de aceite, entre otras, para eliminar la suciedad del algodón y devolverle la suavidad. Estas enzimas las producen bacterias modificadas genéticamente. Se las hace crecer en grandes fermentadores, como ocurría con moléculas como la insulina, y se las dota de las características deseadas para que aguanten altas y bajas temperaturas en función de cómo laves tu ropa. Hay mogollón de enzimas producidas por bacterias y hongos a nivel industrial que se utilizan cada día en las lavadoras y lavavajillas de millones de hogares. Una vez más, tenemos a las bacterias como principales productoras.

Y podría seguir contándote que las bacterias también producen aditivos, como el ácido cítrico o el ácido láctico, que también se pueden utilizar para fabricar biomateriales, por ejemplo, bioplásticos o aceites para usarse en alimentación. Hay un sinfín de productos que podemos fabricar gracias a los conocimientos sobre el metabolismo de estos pequeños seres, capaces de hacer grandes cosas de la mano del ser humano.

DATO CURIOSO
El superpegamento bacteriano

Al igual que los percebes, existen bacterias capaces de pegarse con fuerza a la superficie de las piedras en los ríos, como la *Caulobacter crescentus*. Si tuviésemos un centímetro cuadrado cubierto por una capa de esta bacteria, necesitaríamos una fuerza tres veces mayor a la de un pegamento como el *superglue*, y lo mejor de todo es que esto es en medio acuático.

Por lo general, cuando utilizamos pegamento, la superficie tiene que estar limpia y, sobre todo, seca para que haga su función. En cambio, esta bacteria se pega directamente en presencia de agua, lo que sería ideal para muchas aplicaciones que así lo necesitan. Sin embargo, nadie ha sido capaz aún de producir algo así de manera industrial, así que, si te ves con posibilidades, no pierdas la oportunidad, porque puedes hacerte de oro.

CAPÍTULO 7

• • •

RESISTENCIA A ANTIBIÓTICOS Y SUS SOLUCIONES

Sinceramente, a mí esto me da miedo, pero miedo real. A veces, pienso en la vida de mi hija, ahora de casi cuatro años, en su futuro, en un mundo en el que cada vez hay más cepas de bacterias resistentes a todos los antibióticos. Me aterran esas imágenes que a veces comparten los médicos de análisis de resistencias que indican que una bacteria es absolutamente resistente a todos los antibióticos.

Pienso en ella y en todas las personas que van a tener que enfrentarse a este problema, que se estima que, si seguimos tal como estamos, en 2050 será la segunda causa de muerte en el mundo, después de las enfermedades cardiovasculares. La estimación se hizo en 2014 y no ha cambiado nada, así que parece estar bien claro. Se calcula que el número de muertes por resistencia a los antibióticos en un año en todo el mundo será de diez millones, superando las provocadas por el cáncer.

Con el cáncer, vamos camino de mejorar los pronósticos, pero con la resistencia a los antibióticos vamos a contrarreloj y tarde. Cada vez hay más cepas resistentes y menos antibióticos que funcionen, y además la investigación de nuevos antibióticos es lenta y no tan abundante como, por ejemplo, la de los tratamientos contra el cáncer. El CDC creó en 2019 una tabla en la que se ve perfectamente el ritmo que llevan las bacterias y los hongos en comparación con el ritmo al que aparecen nuevos antibióticos. Hay casos en los que, el mismo año que sale el antibiótico al mercado, algún patógeno se vuelve resistente.

Antibiótico	Año de comercialización	Microorganismo resistente	Año de identificación
Penicilina	1943	*Streptococcus pneumoniae*	1967
Vancomicina	1958	*Enterococcus faecium*	1988
Meticilina	1960	*Staphylococcus aureus*	1960
Cefalosporina	1980	*Escherichia coli*	1983
Azitromicina	1980	*Neisseria gonorrhoeae*	2011
Daptomicina	2003	*Staphylococcus aureus*	2004
Ceftazidima/avibactam	2015	*Klebsiella pneumoniae*	2015

Con este panorama, la magnitud del desafío en el futuro será brutal, sobre todo si tenemos en cuenta el impacto que puede tener en procedimientos médicos rutinarios, como cirugías, trasplantes de órganos o quimioterapia, así como para enfermos que dependen de los antibióticos para vivir, como los que padecen fibrosis quística. Estos procedimientos, que hoy son seguros y normales, podrían complicarse por la resistencia a los antibióticos y hacer que cambie la balanza entre los riesgos y los beneficios.

Hay varias causas que pueden llevar a que este problema sea cada vez más grande y se sabe que hay factores que intervienen en que vaya más deprisa de lo que debería en condiciones normales, como el uso indebido y excesivo de antibióticos a todos los niveles, tanto en humanos como en animales. En muchas consultas, lo primero que se receta es un antibiótico de amplio espectro sin saber si la persona tiene una infección u otra, y no es culpa del personal médico, sino de los medios de los que dispone.

En el ojo del huracán de todo esto, está la gran capacidad que tienen las bacterias para adaptarse, de la cual llevo hablándote a lo largo de todo el libro. Ellas van más rápido adaptándose que nosotros generando nuevos antibióticos, teniendo en cuenta que para que se apruebe uno nuevo pueden pasar con facilidad diez años desde su descubrimiento en un laboratorio. A ese ritmo es imposible.

Esta resistencia, en constante evolución, crea un escenario bastante preocupante en el que las enfermedades fácilmente tratables podrían convertirse en amenazas graves para la salud pública. En un mundo cada vez más interconectado, poner límites a estas resistencias es prácticamente imposible.

En este capítulo te contaré más sobre los antibióticos, por qué una bacteria nos puede matar, cómo se vuelven resistentes y cuáles son las soluciones que se están planteando.

¿QUÉ NOS HACEN LAS BACTERIAS PARA PODER MATARNOS?

Para una bacteria, el cuerpo humano es un sitio maravilloso donde vivir, con calefacción gratis, una humedad perfecta y el alimento necesario para crecer sin que nadie la moleste, y encima cuenta con varios compartimentos para elegir según sus necesidades y tener vecinas con las que cuchichear. Un ecosistema perfecto. Las bacterias han sido capaces de adaptarse genéticamente para invadir el ambiente, permanecer ahí pegadas y tranquilas, lograr el acceso a las fuentes de nutrientes y evitar que las respuestas de defensas del sistema inmunitario sean capaces de echarlas.

No obstante, antes de causarnos daño, deben entrar, pero tienen varias formas de hacerlo. Aunque contamos con barreras naturales que nos protegen, como piel, mucosas y moléculas con sustancias antimicrobianas, como los anticuerpos, algunas veces se alteran. Por ejemplo, una úlcera o un simple corte crean una vía de paso. Cuando nos cortamos, *Staphylococcus aureus* o *Staphylococcus epidermidis*, que forman parte de la microbiota de nuestra piel, pueden acceder al organismo y convertirse en un problema importante, incluso crear la necesidad de usar sondas permanentes o catéteres vasculares. No obstante, en otros casos consiguen entrar porque tienen los medios necesarios para pasarse esas barreras por el arco del triunfo.

De todas formas, piensa que todos los agujeros que tienes en el cuerpo, absolutamente todos, pueden ser una vía de acceso de bacterias al organismo, aunque las lágrimas lleven una enzima que degrade la pared celular de las bacterias o el aparato respiratorio tenga unas células que tiren la porquería hacia fuera, lo cual no siempre es útil. Pueden transmitirse al ingerir algo contaminado, por el aire, a causa de una picadura de un insecto o mediante las relaciones sexuales, como pasa, por ejemplo, con la *Neisseria gonorrhoeae*, que causa la gonorrea.

Una vez dentro del cuerpo, las bacterias se quedan adheridas a la superficie de las paredes de órganos como la vejiga o el tubo digestivo gracias a unas moléculas llamadas «adhesinas». Además, cuando hay un número suficiente de ellas, ponen en marcha funciones para mantener su colonia; por ejemplo, produciendo una biopelícula o capa protectora que las mantiene a todas agrupaditas tan a gusto bajo un manto y permite que se peguen a superficies superlisas, como el material quirúrgico no esterilizado. Para que te hagas una idea, el ejemplo más claro de esto es la placa dental, agrupaciones de restos bacterianos pegaditos.

¿Qué supone eso para nosotros? Pues que muchos de los mecanismos que utilizan las bacterias para conservar sus casitas y los productos derivados del crecimiento y el metabolismo nos pueden ocasionar problemas. A esto se lo conoce como «factores de virulencia», que aumentan su capacidad para mantenerse en el cuerpo, dañarlo y, al final, provocar una afección. Aunque muchas bacterias la causan destruyendo directamente el tejido donde están, algunas liberan toxinas que pueden esparcirse por la sangre y producir un problema sistémico.

De todos modos, no todas las bacterias ni las infecciones bacterianas dan como resultado una enfermedad, pues, como sabes, el cuerpo humano está repletito de bacterias por cada uno de sus rincones en contacto con el exterior y estas desempeñan papeles muy importantes en nuestra salud, pero algunas siempre lo hacen una vez que se produce la infección. Sin embargo, mientras que algunas siempre causan enfermedad por esos factores de virulencia, en otros casos solo puede hacerlo una cepa concreta o un número determinado de bacterias iniciadoras, y este umbral es distinto en función de la bacteria.

Por ejemplo, no todas las cepas de *Escherichia coli* causan una enfermedad aun siendo la misma especie, y en el caso de las del género *Shigella* se requieren doscientas bacterias para provocar una enfermedad, mientras que de *Vibrio cholerae* hacen falta 100.000.000. Así, no podemos hablar de infecciones por una determinada bacteria como tal, pues existen otros factores determinantes.

El estado de la persona infectada también desempeña un papel importante. Por ejemplo, aunque son necesarios un millón de microorganismos de *Salmonella* para que se produzca una gastroenteritis en una persona sana, tan solo se requieren unos millares si el pH del estómago es menos ácido por utilizar antiácidos. Una tontería que hace que las bacterias pasen al intestino de una forma mucho más fácil y lo infecten que si el pH fuese normal y superácido, como normalmente es. También pueden influir defectos genéticos o problemas con el sistema inmunitario, entre otros, a la hora de aumentar la susceptibilidad de alguien a padecer una enfermedad infecciosa.

Y es que, si bien el sistema inmunitario está protegiendo

constantemente al organismo de posibles ataques, las bacterias han desarrollado herramientas para esquivar muchas de sus barreras con el fin de establecerse, como la microbiota, o de invadir y causar infecciones, como las bacterias patógenas. Cuanto más tiempo esté la bacteria en el cuerpo, más se multiplicará y más tiempo tendrá de propagarse, aumentando su potencial infectivo, lo que, a su vez, provocará que la respuesta inmunitaria e inflamatoria sea cada vez mayor y la enfermedad se agrave. Porque, sí, muchas veces los síntomas son consecuencia de lo que hace nuestro sistema inmunitario para luchar contra la bacteria, más que obra de la propia bacteria.

Algunas bacterias virulentas (me hace gracia este nombre, pero significa que son malas) siempre causan enfermedades porque producen toxinas o crecen destruyendo tejidos del organismo. Luego, están las bacterias oportunistas (las que se encuentran en los patos de goma de la bañera), que aprovechan que el huésped está enfermo de base para crecer y causar una enfermedad aún más grave. Por ejemplo, personas con quemaduras graves o fibrosis quística tienen mayor riesgo de infección por *Pseudomonas aeruginosa*. Básicamente, la enfermedad se produce al combinar los daños que provoca la bacteria en los tejidos o la función de un órgano con las consecuencias de la respuesta inmunitaria. Normalmente, esas infecciones más graves que provocan respuestas sistémicas (de todo el cuerpo) se deben a toxinas y citocinas (moléculas del sistema inmunitario), que dan lugar a cuadros muy complicados de resolver.

Pero ¿qué es lo que producen estas bacterias para dañarnos de tal forma? Como consecuencia de su propio crecimiento y fermentaciones, como hemos visto en capítulos anteriores, pueden generar ácidos, gases y otras sustancias tóxicas para los tejidos. Además, muchas de ellas liberan enzimas que rompen los tejidos, literalmente, como si un comecocos se comiera las paredes de nuestras células, proporcionando así alimento para que los microorganismos crezcan y facilitando que las bacterias se diseminen. Otro elemento muy común son las toxinas que se producen con ese fin, hacer daño (como ese mensaje a mala idea de un ex), que suelen provocar la rotura de células para hacerse con el poder. En muchos casos, las toxinas son las únicas responsables de los síntomas característicos de la enfermedad, típicas de intoxicaciones alimentarias o botulismo.

Figura 15. La bacteria protegida frente al macrófago

Pero aquí no acaba todo. Como buenos organismos adaptativos que son, las bacterias han sido capaces de encontrar la forma de evadir las armas de nuestro sistema inmunitario en muchos casos. Esto se debe a la evolución, porque evidentemente el que está más tiempo en el huésped es capaz de dividirse más y mejor. Uno de estos mecanismos estrella es la encapsulación: la bacteria se pone una supercapa protectora que, por ejemplo, hace que el macrófago encargado de engullirla no sea capaz de hacerlo porque le resbala; y, si lo hace, esa misma capa la protege de las enzimas que la pueden matar ya dentro. Otro mecanismo consiste en ir cambiándose de máscara para que el sistema inmunitario no sea capaz de detectarla, o incluso poner en su superficie una proteína capaz de deshacer los anticuerpos que se le peguen. Y lo mejor de todo es que esto se debe al azar a lo largo de la evolución, un proceso similar al que ha ocurrido con la resistencia a los antibióticos, aunque esto último de forma mucho más acelerada.

¿QUÉ ES UN ANTIBIÓTICO Y CÓMO SE VUELVEN LAS BACTERIAS RESISTENTES A ÉL?

En realidad, a estas alturas del libro, ya tienes que saber qué es un antibiótico, pues he hablado de ellos varias veces. Básicamente, son moléculas, ya sean de origen natural o sintético, que interfieren en la vida de las bacterias usando distintos mecanismos. El más común es impedir que la bacteria monte su pared celular cuando se multiplica, y sin pared las bacterias no son viables. Es decir, no es que se mate a las bacterias que ya están ahí, sino que se impide que se multipliquen. No sé si lo recuerdas, pero las paredes de las bacterias están constituidas por moléculas de azúcares que se van entrelazando para formar una malla superresistente. Para que estas moléculas se unan, necesitan enzimas que sirvan de operarios de unión, y esos operarios son justo las dianas de los antibióticos betalactámicos, que seguramente te suenen. El ejemplo estrella es la penicilina.

Las bacterias pueden volverse resistentes de varias formas. Por ejemplo, haciendo que llegue menos cantidad de antibiótico a su superficie, como en el caso de las gramnegativas, que quizá recuerdes que tienen una capa protectora extra. Esta capa hace que los antibióticos tengan que pasar por unos poros para alcanzar la pared, y aquí está la clave de la estrategia: las bacterias hacen cambios en estos poros para que se vuelvan más pequeñitos y no puedan pasar, tornándose resistentes. Pero, ojo, porque también pueden cambiar estos poros de tal manera que sean capaces hasta de bombear antibiótico hacia fuera por un juego de cargas de electrones, ¡increíble! Otra estrategia que utilizan mucho las bacterias es la de destruir el antibiótico directamente. Ya se han descrito más de doscientos tipos de enzimas destructoras de betalactámico, así que lo tenemos crudo para seguir trabajando a largo plazo con estos antibióticos, viendo el panorama.

Para combatir la resistencia, se han ideado antibióticos a los que se le añade un bloqueador de esas enzimas destructoras, como un juego de pimpón en el que la bola de ataque va pasando de uno a otro. Y hay un ejemplo que estoy segura de que te suena, porque es el antibiótico que se receta por excelencia: amoxicilina con ácido clavulánico. La amoxicilina es el antibiótico y el ácido clavulánico bloquea a esas enzimas que lo destruyen, actuando como protector. Se usa ampliamente, pues la resistencia a la amoxicilina ya es un hecho, y no solo en los hospitales para determinados casos; de ahí que la mayoría de las veces se recete el antibiótico con este extra de protección.

Otra forma de atacar a las bacterias es interferir en su fabricación de proteínas, como hace la estreptomicina: se une a los ribosomas, que son los operarios dedicados a la fabricación de las proteínas. Es como si llegas a una fábrica de zapatos y le atas los brazos a la espalda a la aparadora que está fabricándolos: no saldrán zapatos a la venta y la gente no podrá andar con ellos. Pues este antibiótico hace algo así, pero con las proteínas y con sus fabricantes, que sin ellas son incapaces de vivir, puesto que son las que hacen el metabolismo y las que posibilitan que las bacterias se multipliquen.

No obstante, como era de esperar, las bacterias también tienen sus herramientas para luchar, claro. Por ejemplo, introduciendo una mutación justo donde esta molécula se une y que así ya no pueda hacerlo o, incluso más fácil, modificando el propio antibiótico en una pequeña zona. Al fin y al cabo, se

trata de encontrar la forma de que eso no se pegue ahí y poder hacer vida, y obviamente ya existen cepas que lo hacen
desde hace muchísimos años.

En otro nivel están las bacterias multirresistentes. Estas
cuentan con distintos mecanismos de evasión de los antibióticos a la vez, lo que las hace resistentes a varios tipos, vol-
viéndolas intratables.

Y, si esto ocurre en una bacteria por azar, ¿en todas las
demás también? La probabilidad es pequeña; tienes que
pensar que estos cambios y resistencias se dan al azar con
cada división celular por mutaciones en el ADN, lo que se
conoce como «evolución por selección natural». En una comunidad de bacterias, no son todas iguales, sino que hay
una gran variedad genotípica y cada una tiene sus cositas,
como las personas: hay a quien le sienta bien la lactosa,
mientras que hay a quien no; a unos les funciona un tratamiento, y a otros no, pero en definitiva somos todos seres
humanos.

En realidad, es el medioambiente el que selecciona las bacterias mejor adaptadas para que sean las que dejen una descendencia más preparada. Si hay un antibiótico presente,
este ejercerá una presión de selección sobre la comunidad
bacteriana y solo aquellas resistentes a él sobrevivirán y se
multiplicarán. Además, este proceso puede ocurrir varias veces, por ejemplo, cuando en un tratamiento se va aumentando
la dosis para intentar matarlas, lo que hace que las bacterias
cada vez sean más resistentes, que es más bien lo contrario
a lo que buscamos.

Además de eso, las bacterias pueden transmitirse entre
ellas información a través de los plásmidos para convertirse
en resistentes, actuando como un equipo, pues se necesitan
mutuamente para asegurar la supervivencia de la colonia. Y
no lo hacen con bacterias solo de su especie, sino con cualquier otra siempre que les interese. Para que se dé esto, las

DATO CURIOSO
Es posible ver la resistencia a los antibióticos con nuestros propios ojos

Este proceso evolutivo de mutación y selección se demostró de forma muy gráfica con un experimento hecho por la Universidad de Harvard, el cual está grabado y se titula «The Evolution of Bacteria on a "Mega-Plate" Petri Dish». En tan solo once días, se consiguieron cepas de *Escherichia coli* resistentes a una concentración mil veces mayor que con la que empezaron.

bacterias tienen que estar juntitas. ¿Y dónde hay bacterias de distintos tipos siempre juntas? En los hospitales.

Un hospital es el lugar donde viven la mayoría de las bacterias resistentes por dos motivos principales: la continua presión selectiva de los antibióticos a la que están sometidas y la convivencia de bacterias de diferentes especies y lugares en un sitio determinado, lo que aumenta considerablemente la posibilidad de que aparezcan bacterias resistentes. Otro lugar son las granjas o cultivos agrícolas, donde se usan antibióticos sin ningún control, e incluso las plantas de tratamiento de aguas residuales, donde acaban todos los desechos de antibióticos utilizados en otros sitios.

El uso inapropiado de los antibióticos es una de las principales causas de todas estas resistencias. Se ha estimado que más del 50 % de las prescripciones de antibióticos en los hospitales se dan sin tener pruebas claras de que haya una infección, y tampoco se proporcionan indicaciones de cómo administrarlos. Muchos médicos han recetado antibióticos a pacientes con un resfriado, una gripe, una neumonía vírica u otras enfermedades que ocasionan virus, frente a los que el antibiótico no tiene nada que hacer.

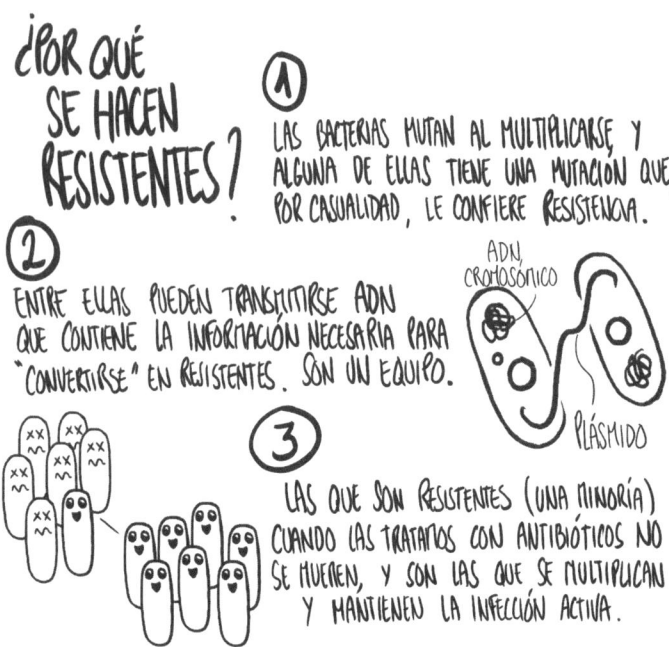

Figura 16. Resistencia a los antibióticos

Un estudio demostró que más del 50 % de los pacientes diagnosticados con resfriados e infecciones de garganta y el 66 % de los que padecen catarros de pecho reciben antibióticos, a pesar de que más del 90 % de ellos se deben a virus. Una locura. Esto pasa porque no se hace un cultivo ni una prueba para saber qué bacteria está provocando eso o, mejor dicho, si hay alguna bacteria, pues, en caso contrario, no hay que tomar antibiótico.

Y la situación empeora porque, por norma, los pacientes no acaban el período de medicación y, cuando el tratamiento con antibióticos se interrumpe demasiado pronto, los mutantes resistentes a los fármacos sobreviven con más facilidad. Y si a eso le sumamos que hay países donde hay antibióticos disponibles sin prescripción (locura máxima) y la gente se automedi-

Figura 17. El origen de la resistencia a los antibióticos

ca cuando piensa que tiene una infección sin tener ni idea, aumenta aún más la prevalencia de las cepas resistentes.

Otro factor que hace que la resistencia a los antibióticos sea cada vez mayor es, sin duda, su uso en la alimentación animal. Utilizarlos de forma correcta y en dosis bajas en los piensos aumenta la eficacia y la tasa de ganancia de peso del ganado, en parte por el control de las infecciones en poblaciones de animales hacinados (otro tema importante que tratar, pero que no viene a cuento en este libro). Sin embargo, esto también aumenta el número de bacterias resistentes en el tracto intestinal de los animales y pueden darse casos de trasmisión a los humanos al consumirlos, por ejemplo, de *Salmonella*.

DISEÑO DE NUEVOS FÁRMACOS FRENTE A LA INCONTROLABLE RESISTENCIA A LOS ANTIBIÓTICOS

La comunidad científica sabe que, a la larga, se desarrollarán resistencias a cualquier fármaco antimicrobiano; es cuestión de tiempo y evolución. No obstante, un uso apropiado y prudente de los antibióticos puede hacer que su uso sea eficaz, pues la solución al problema de la resistencia requiere el desarrollo continuo de fármacos. Lo malo es que este proceso puede durar años, pero muchos, entre diez y veinticinco, desde que un científico dice «vamos a probar con esto». Hay casos en que quizá sea un poco menos, pero las cosas de palacio van despacio y no se va a administrar a todo el mundo algo cuya seguridad y eficacia no están bien demostradas.

Cada año, la industria farmacéutica puede gastar de media fácilmente hasta 4.000 millones de dólares en el desarrollo de fármacos frente a bacterias y cada uno que se aprueba para uso humano cuesta más de quinientos millones de dólares de inversión inicial. Aquí entra en juego aquello de que las farmacéuticas se aprovechan de la salud de las personas para ganar dinero, pero ¿quién estaría dispuesto a hacer dicha inversión sin ninguna garantía, pagar a todos sus investigadores y lanzarse al vacío con tremendas cantidades de dinero de forma altruista por la salud del mundo?

Cuando se buscan nuevos fármacos antibacterianos, en lo primero que se piensa es en reformular los que ya tenemos, de tal manera que la bacteria no sea capaz de detectarlos y sigan siendo funcionales. Este es el caso de los análogos, moléculas muy similares a las ya existentes, que tienen un mecanismo demostrado. Dado que la resistencia al antibiótico suele basarse en el reconocimiento de la estructura de la molécula, al cambiarla, en teoría al menos, esa resistencia desaparece.

Esto es en lo primero que se piensa, ya que hallar compuestos antimicrobianos es mucho más difícil que obtener análogos, pues los nuevos deben actuar en diferentes sitios de las rutas metabólicas o tienen que ser totalmente distintos a lo que hay para evitar los mecanismos de resistencia existentes. Sin embargo, las nuevas herramientas tecnológicas ayudan a diseñar en el ordenador moléculas que luego pueden sintetizarse de forma artificial en el laboratorio para probarlas. Así se obtuvo uno de los antivirales frente al VIH.

Antiguamente, los antibióticos eran moléculas aisladas a partir de fuentes naturales, microorganismos como *Streptomyces* o *Penicillium*, que se analizaban cada poco en busca de algún compuesto útil. No obstante, podría decirse que, con el paso de los años y la investigación, ya se han exprimido todo lo posible, por lo que hay que buscar nuevas fuentes. Una de las estrategias, como ya te he contado, consiste en combinar los antibióticos con compuestos que inhiban el mecanismo por el que la bacteria los bloquea, como el ácido clavulánico. Sin embargo, ahora mismo la visión tiene que ser más amplia: hay que buscar cambios más radicales e innovadores que recorten el tiempo de reacción. En la actualidad, las estrategias más prometedoras se basan en lo siguiente:

- Analizar genéticamente el patógeno y comprobar gen a gen dónde puede ser atacado. Es decir, encontrar genes esenciales que aún no se conozcan y, una vez identificados, buscar las moléculas que los alteren.
- Conocer más sobre los genes de las bacterias que no se pueden cultivar en un laboratorio. El 90 % de las que se conocen aún no se han podido sacar de su hábitat para hacerlas crecer en una placa, pero sí que se cuenta con herramientas para extraer el material genético y buscar genes que den lugar a nuevos antibióticos.
- Diseñar a medida los antibióticos cuando se conoce al dedillo la diana que se quiere bloquear, gracias a herramientas como el modelado molecular: un ordenador hace la búsqueda y el diseño de una molécula que encaje perfectamente en el lugar y que lleve a cabo dicha función.
- Diseñar métodos de síntesis química y estrategias para cultivar bacterias productoras de antibióticos. Como no pueden llevarse todas las bacterias a los laboratorios, hacen falta dispositivos que permitan producir esos antibióticos donde viven las bacterias productoras, lo que ayudaría a obtener nuevas moléculas.
- Utilizar el sistema CRISPR/Cas9 para eliminar genes de resistencia de un patógeno o hacer que la bacteria se mate sola introduciendo genes que den lugar a sustancias tóxicas para ella.
- Aprovechar la evolución poniendo a competir por los mismos nutrientes al microorganismo productor de antibiótico y a la bacteria que se quiere matar para ver si el productor es capaz de adaptarse para matarla en caso de que esta se vuelva resistente. Simplemente brillante. Este es un enfoque novedoso, pero se trata de una carrera contra la evolución.

Estas estrategias están basadas en seguir luchando contra las bacterias de forma clásica, con moléculas que afecten a su crecimiento o a su metabolismo, pero ahora mismo necesitamos todas las alternativas posibles para tener opciones frente a una situación de emergencia. Una de las alternativas que se han considerado es usar anticuerpos que se unen e inactivan los factores de virulencia y las toxinas que provocan los síntomas. Los anticuerpos ya se están utilizando para tratar el cáncer y ayudar a superar infecciones de virus u otros tratamientos relacionados con el sistema inmunitario, por lo que todo el camino de comprobar si la herramienta funciona ya está hecho. Sería una de las alternativas menos arriesgadas y más sencillas, pero aún está en una fase muy temprana de desarrollo, y no es coser y cantar. Los anticuerpos se deben unir al lugar adecuado y no provocar una respuesta inmunitaria exagerada, pues podría ser peor el remedio que la enfermedad.

En la cabeza de los científicos también cabe la posibilidad de utilizar probióticos como apoyo o moléculas que estimulen el sistema inmunitario para que ataque a las bacterias, o buscar nuevas vacunas, aunque esto último solo serviría para prevenir y no se pueden crear vacunas para todas las bacterias que nos pueden infectar. Por tanto, es un enfoque que solo podríamos plantear en casos de transmisiones muy grandes o enfermedades muy graves.

Sin embargo, entre todas las alternativas, hay una que a mí me encanta: la fagoterapia. Se está desarrollando cerca de mi ciudad, en Valencia, y no puedo sentirme más orgullosa de los científicos y las científicas de este país: todo un equipo buscando una alternativa viable frente a la resistencia a antibióticos.

Los virus como aliados en la lucha contra las bacterias resistentes

Si me seguías antes de leer este libro, sabrás que una de mis pasiones son los virus. Son capaces de hacer muchas cosas aun siendo tan pequeños, y encima son mucho más simples que las bacterias, por lo que su sola existencia ya me fascina.

En la lucha contra las bacterias, no utilizaríamos virus de seres humanos, plantas o animales, obviamente. Esto sería un riesgo para nosotros que no tenemos ninguna necesidad de asumir. En realidad, el enfoque es utilizar los virus que infectan bacterias para poder matarlas y acabar con la infección. Así de primeras, quizá pienses «pero ¡¿cómo no se le ha ocurrido a nadie antes?!», aunque en realidad sí que se les ha ocurrido a muchos.

En la época en la que Fleming estaba ahí con sus placas, meses antes de que descubriese la penicilina, había científicos que ya planteaban la posibilidad de utilizar los bacteriófagos como armas contra las bacterias. Sin embargo, la popularidad de los antibióticos y su fácil fabricación en aquel momento hizo que aquella idea se quedara en un cajón hasta hoy.

En 1896, Ernes Hakim quiso comprobar una leyenda. Por aquel entonces, se decía que el agua del Ganges tenía propiedades curativas frente al cólera y, aun siendo escéptico, cuál fue su sorpresa al descubrir que en esa agua había algo que mataba la bacteria que lo causaba, por lo que, efectivamente, podía ser curativa. Por otra parte, en la Gran Guerra, el médico Félix d'Herelle, investigando cómo ayudar a los soldados de las tropas francesas con disentería por *Shigella*, encontró que, cuando filtraba restos fecales de los enfermos (todo muy bonito) y añadía ese filtrado a cultivos de *Shigella*, acababa con todo. Por tanto, ahí debía de haber unos virus que matasen a todas esas bacterias, a los que llamó «bacteriófagos» (también conocidos como «fagos»), y planteó por primera vez la terapia con ellos.

El descubrimiento de estos virus para los humanos no fue algo muy romántico, pero la presión de las guerras a lo largo de la historia en la investigación científica, en especial la médica, hizo que se avanzara en un tema cuya validez ya se intuía. Sin embargo, a pesar de su potencial, el éxito de este tratamiento fue escaso, pues resultaba difícil de reproducir en otro lugar, debido al poco conocimiento sobre estos virus, y complicado de aplicar. Así pues, no había mucho que hacer frente a los antibióticos.

Los bacteriófagos son un tipo de virus que atacan específicamente a las bacterias, así que no tienes que preocuparte por si son capaces de infectarte a ti, porque ya te digo yo que no. Hay miles de millones por todas partes, incluso en el mar, donde se encuentra la mayor concentración de estos virus por mililitro, y aún no se ha visto ningún caso de infección por fagos en un ser humano por bañarse en la playa. Es evidente que no hay parecido alguno entre una bacteria y nosotros, así que tranqui.

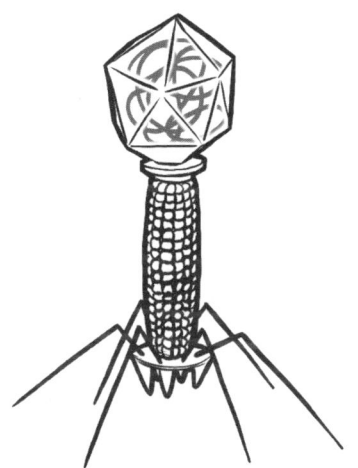

Figura 18. Bacteriófago

Al igual que los demás virus, los bacteriófagos no se alimentan ni se relacionan y solo se pueden reproducir usando la maquinaria celular. Esto los cataloga como seres no vivos, aunque yo no lo comparta. Si te fijas, son bastante monos, con esa forma parecida a una araña que les permite engancharse a la superficie de la bacteria, donde, una vez colocados, hacen como una especie de sentadilla y, en la mayoría de los casos, le inyectan su material genético. Una cucada.

En cuanto el material genético entra en la bacteria, la pone a trabajar para él: fabrica miles de unidades de virus y la pobre se queda con lo mínimo para sobrevivir y producir. Cuando ya no le quedan recursos, la bacteria muere y esos miles de virus que ha fabricado viajarán a todas las que hay alrededor para seguir el mismo proceso. Un plan sin fisuras. En organismos como las bacterias, tan sencillos y carentes de sistema inmunitario, la verdad es que el éxito está prácticamente asegurado.

Además, los bacteriófagos son superespecíficos, es decir, atacan solo a una especie de bacteria concreta sin dañar al resto, al contrario que los antibióticos, que nos hacen polvo la microbiota en cuanto los tomamos, y tampoco son capaces de infectar células eucariotas animales como las nuestras, por lo que los efectos secundarios son mínimos (en teoría).

Otra ventaja que tienen es que, mientras que los antibióticos son moléculas estables, siempre las mismas e invariables, los fagos son entes (aunque yo los llamaría «organismos») con capacidad de adaptarse, cambiar y evolucionar gracias a todos los cambios que se pueden dar por azar en su material genético, lo que, como ya sabes, puede darles ventajas evolutivas, y los que ganan se quedan. Si una bacteria desarrolla resistencia a un bacteriófago, entre los miles que se generan alguno tendrá una mutación o variación genética que haya encontrado la forma de esquivarla o de atacar por otro lado, por lo que la bacteria no tendrá nada que hacer.

Esto ya se demostró en un ensayo clínico de 2018 en el que se trataban infecciones urinarias con una mezcla de bacteriófagos. Al principio, se conseguía matar cerca del 40 % de las bacterias, pero tras cuatro ciclos de adaptación se observó que la sensibilidad aumentó hasta un 75 % gracias a la capacidad de evolución de estos virus. Se dividen muy rápido, generando muchas unidades de virus, por lo que la probabilidad de éxito es muy alta, y aquí el tiempo corre en contra de la bacteria. Eso sí, puede pasar entre un mes y un año, en función de la situación, así que, bueno, no es tan perfecto como parece.

En general, el tratamiento con fagos se plantea cuando los antibióticos no han funcionado. Para ello, se aísla la bacteria, con el fin de saber cuál es, y en el laboratorio se añaden a distintas muestras varios fagos disponibles en una base para ver si alguno es capaz de infectarlas y destruirlas. Estas bases se pueden obtener de varias maneras, pero tengo una noticia que darte: el mejor lugar para encontrar diferentes tipos de fagos son las aguas fecales, algo que está muy relacionado con aquello que D'Herelle descubrió en su momento. Así que, de nuevo, la caca procesada puede salvar vidas.

Los fagos capaces de matar a esa bacteria se aíslan, se multiplican en laboratorio y, una vez que se tiene la cantidad suficiente, se le administran al paciente. Esto hace que sea una terapia totalmente personalizada, lo que supone, además de un coste extra en el tratamiento, que a veces no se logre lo esperado. Si lo piensas bien, que sea tan específica quizá no sea tan bueno, pues puede matar a una cepa patógena, pero no a otra de la misma especie. Es decir, si tú tienes una bacteria determinada infectándote, pero son dos cepas distintas las que te están ocasionando ese problema (piensa en dos humanos de diferente país: siguen siendo humanos), el virus probablemente solo sea capaz de matar a una de ellas. Esto implicaría buscar un virus para cada cepa, y la cosa ya se complica a nivel logístico.

Otro hándicap que plantea la fagoterapia es la dosis. El antibiótico es un compuesto químico con una cantidad determinada en la pastilla o en el líquido que se puede controlar, pues es posible establecer unos criterios de seguridad y calidad basados en cómo se descompone ese compuesto y cómo se metaboliza por el cuerpo. Sin embargo, en el caso de los bacteriófagos, al tratarse de algo biológico que, encima, se multiplica en el cuerpo al infectar las bacterias, la cosa se complica. Si se generan demasiados virus en el organismo, podría haber una respuesta inmunitaria no deseada frente a algo que no es una amenaza, aunque el cuerpo piense que sí (similar a una alergia).

A pesar de esto, la fagoterapia es capaz de conseguir maravillas en la lucha contra infecciones causadas por bacterias multirresistentes a los antibióticos, cuando ya nada vale y la vida de la persona corre peligro. Estos últimos años se ha conseguido curar infecciones imposibles en nueve meses gracias a los fagos; casos complicados de fibrosis quística, en los que el tratamiento con fagos mejoró considerablemente la calidad de vida de una niña, o infecciones cutáneas por quemaduras, curadas por tratamiento tópico con fagos.

Se trata de éxitos puntuales que muestran que aún hay mucho por hacer, pero ya se sabe que esa herramienta existe y que puede utilizarse en casos de extrema gravedad. Actualmente, hay varias empresas interesadas en desarrollar cócteles de fagos dirigidos a las bacterias patógenas más comunes con resistencias, como *Escherichia coli*, *Klebsiella pneumoniae*, *Pseudomonas aeruginosa* o *Staphylococcus aureus*. De este modo, no sería necesario aislar el patógeno y cultivarlo para saber qué fago utilizar, sino que bastaría con emplear este cóctel si la infección está causada por alguno de estos cuatro, más o menos como una vacuna polivalente, pero esto es para tratar, no para prevenir.

También hay laboratorios de investigación, como el liderado por Pilar Domingo-Calap, una investigadora que coordina el Laboratorio de Virología Ambiental y Biomédica del Instituto de Biología Integrativa de Sistemas de la Universidad de Va-

DATO CURIOSO
Una vacuna como tratamiento y no como prevención de una infección

Cuando una persona tiene una infección crónica o recurrente (que no se consigue eliminar con ninguno de los tratamientos disponibles), a veces se puede recurrir a la autovacuna. ¿Y esto qué es? Pues consiste en extraer una muestra de la bacteria que causa la infección y cultivarla en el laboratorio para preparar una vacuna con ella. Evidentemente, no se introduce la bacteria viva, sino que se procesa para inyectar al paciente trozos de ella, la bacteria muerta o sus toxinas con el fin de estimular al sistema inmunitario y que este despierte y ataque a la infección, aunque no se sabe muy bien cómo se logra esto.

La idea es buscar la ayuda desde dentro, con los aliados del sistema inmunitario, que es un arma muy potente. Estas vacunas son únicas y personalizadas, ya que se formulan de manera individual para cada paciente y se orientan a las cepas concretas que causan la enfermedad, lo que hace que el coste sea bastante alto. Por ejemplo, este método se utiliza bastante en veterinaria para controlar las infecciones de grandes números de animales: se mezclan varias cepas de bacterias y se les inyectan. Hoy en día, la autovacuna se utiliza como ultimísimo recurso. Aunque esto no solucione el problema global de la resistencia a los antibióticos, es un arma más para casos de extrema gravedad.

lencia-CSIC. En él, se están haciendo investigaciones para tratar bacterias con bacteriófagos; en este caso, enfocándose a personas que padecen fibrosis quística, una enfermedad pulmonar que normalmente va acompañada de infecciones continuas de bacterias, muchas veces resistentes a los antibióticos. Que ocurra en los pulmones es algo grave y puede poner en peligro la vida del paciente, por lo que es fundamental centrar las energías en buscar soluciones para estos casos más graves. En concreto, buscan un procedimiento sencillo y más factible para aislar fagos, diseñarlos y producirlos de forma personalizada. Es decir, diseñar un fago a medida para cada caso, introduciendo los genes necesarios para que el virus mate a las bacterias más comunes en los pacientes con fibrosis quística.

La posibilidad de modificar genéticamente un virus a nuestro antojo puede ser una superarma para luchar contra las bacterias y contra el posible desarrollo de resistencias, además de permitir solucionar algunos de los problemas que se han planteado en este capítulo. Pero ¿sabes lo que le ocurre a este grupo de investigación? Que no cuentan con financiación suficiente para seguir su proyecto. De hecho, los ayudé a promover una campaña llamada «Adopta un fago», con la que querían recaudar fondos de la gente de a pie para pagar a sus trabajadores y llevar a cabo este proyecto de la mano de la Federación Española de Fibrosis Quística. Esta campaña, junto con el maravilloso trabajo de Pilar y su equipo, los llevó a titulares de prensa y, hoy en día, su proyecto ya tiene alas para avanzar gracias a apoyos privados y de empresas que confían en su investigación. Porque, sí, los virus pueden salvar hoy la vida de muchas personas.

•••

CAPÍTULO 8

EL FUTURO EN EL FASCINANTE MUNDO DE LAS BACTERIAS Y LA BIOTECNOLOGÍA

Como sabrás, soy biotecnóloga. Creo que es la mejor decisión que he tomado en mi vida, pues estudiar esa carrera fue una gozada (y sufrimiento a partes iguales). Con esta ciencia, te das cuenta del infinito abanico que hay para conseguir cosas inimaginables de la mano de la naturaleza.

Me parece una absoluta maravilla conocer nuestra naturaleza hasta tal punto de ser capaces de decir: «¡Oye! Esto podemos utilizarlo para solucionar este problema, y encima de una forma sostenible y más respetuosa con el medioambiente». Porque, sí, la química también puede ser natural, aunque está claro que la producción industrial química en muchos casos está destrozando nuestro planeta, sobre todo la combustión y la producción de alimentos a gran escala.

Las bacterias son una alternativa aún por explorar, pero muchísimo, teniendo en cuenta el bajo porcentaje de especies que conocemos respecto a las que existen. Ahí fuera, puede haber bacterias que produzcan algún compuesto anticancerígeno brutal o que sean capaces de degradar grandes cantidades de contaminantes hasta hoy imposibles de manejar. Un mundo infinito de herramientas por descubrir, aunque no me cabe duda de que, con el avance de la tecnología de hoy en día, se conseguirá.

En nuestro mundo, hay un tejido invisible en el que las bacterias desempeñan un papel crucial y, a medida que la investigación científica avanza, aparecen nuevos usos extraordinarios de estas pequeñas maravillas con un potencial alucinante. Nada que ver con su terrible reputación de peligrosas y patógenas. Por cierto, espero que hayas cambiado de idea a lo largo de la lectura de este libro.

En este capítulo, voy a jugar a ser un poquito como la mujer del tiempo y tratar de predecir el futuro con la información disponible hoy, desde el mundo de la microbiota hasta los campos de la medicina, la industria y mucho más allá. Exploraremos cómo están perfilando el futuro las bacterias, aliadas en la lucha contra enfermedades y una motivación en la innovación industrial sostenible.

Habrá cosas en las que no acierte, yo o la fuente en la que me he basado, pero jugar a adivinar lo que puede pasar me gusta y, quién sabe, si acierto, estaré contenta de haberlo hecho y quedará constancia aquí, en este libro. Así podré contárselo a mis nietos: «Tu abuela, en sus años mozos, sabía que esto iba a pasar, ¡hija!».

EL FUTURO ENFOCADO EN LA MICROBIOTA

La investigación moderna de los últimos años nos ha dado un nuevo enfoque de la microbiota y su importancia, no hay duda. Ahora sabemos mucho más de ella y conocemos más detalles. El siguiente paso es saber cómo afecta a nuestro organismo, porque tengo claro que debe de tener un papel mucho más importante que el comprobado científicamente hoy en día.

En este contexto, las terapias personalizadas basadas en la microbiota son un rayito de esperanza que pueden ayudar a comprender muchas cosas que aún no se comprenden del todo y hacer posibles los tratamientos adaptados a cada paciente. Esta visión también puede ayudar a transformar la prevención y el manejo de enfermedades crónicas, pues la salud está íntimamente relacionada con la diversidad bacteriana de nuestro cuerpo.

Algo que creo que será clave es el avance en las tecnologías de secuenciación genética, que permiten saber qué bacterias hay en un lugar determinado sin tener que cultivar cada una de ellas en una placa y luego secuenciar. Esto se conoce como «metagenómica» y consiste en coger una muestra, en este caso del cuerpo (pero puede ser de cualquier lugar de la Tierra), y extraer toda la información genética de ahí. Luego, se busca esa información en el laboratorio en una base de datos donde están todas las secuencias de las bacterias conocidas (o un gran número de ellas) y se localiza.

Esto hace que sea un proceso mucho más sencillo y fácil catalogar qué bacterias hay en un lugar y adaptar el tratamiento. Por ejemplo, ahora mismo, se sabe que enfermedades como la obesidad y la diabetes tienen relación con la microbiota del intestino, donde la digestión es un proceso compartido con ellas, por lo que evidentemente alguna implicación debe tener. Otras, como el síndrome del intestino irritable, la colitis ulcerosa o la enfermedad de Crohn, podrían tratarse teniendo en cuenta la microbiota de la persona en ese momento, quizá acompañando el tratamiento estándar con prebióticos, probióticos o posbióticos que ayudasen en ese caso concreto, hilando superfino. Conforme se vaya avanzando en la investigación de las especies que hacen que una enfermedad empeore o mejore, estos tratamientos adquirirán mucho más sentido y quizá cambien el paradigma de la medicina.

Un enfoque muy chulo es el de utilizar bacterias modificadas previamente para insertarlas en nuestra microbiota. Imagínate la situación de una persona que tiene una deficiencia a la hora de absorber algún nutriente: se puede diseñar una bacteria que genere ese nutriente de forma que su absorción sea más sencilla. O una persona que necesita una medicación de por vida o la presencia de alguna proteína que no es capaz de generar por sí misma: con una simple pastilla con bacterias modificadas genéticamente, se podría producir una colonia de generadoras de esa molécula. Quizá parezca muy loco, pero se está planteando de verdad.

Además, ahora mismo, el tema de la salud mental está a la orden del día y por fin se está teniendo en cuenta como algo posiblemente incapacitante, en lugar de restarle importancia, como se ha hecho siempre. Debido a este aumento de interés, los investigadores han empezado a considerar la microbiota en el enfoque del tratamiento de los trastornos mentales, debido a que hay pruebas científicas suficientes sobre la presencia de bacterias en el intestino capaces de generar neurotransmisores que estimulan el nervio vago que conecta con el cerebro.

Se ha demostrado que hay relación entre la microbiota del intestino con enfermedades como la depresión o la ansiedad. Es decir, el cerebro está conectado con el intestino de forma tan directa que nos permite afrontar algunos problemas asociados tradicionalmente a la ciencia psiquiátrica o psicológica desde una perspectiva innovadora. Esto no quiere decir que la depresión esté provocada tan solo por la microbiota, sino que estos trastornos pueden afrontarse desde otra perspectiva y complementar el tratamiento.

Un grupo de investigadores españoles del CSIC, liderado por Yolanda Sanz, patentaron una bacteria que está presente de forma natural en el intestino de personas sanas. Demostraron que esta bacteria era una buena productora de serotonina, una molécula que se encuentra en bajas concentraciones en quienes sufren depresión o estrés (este último es un factor de riesgo para desarrollar depresión). Cuando lo probaron en modelos animales con depresión inducida por estrés (como si fuese algo similar al acoso), observaron que esta bacteria también reducía la sobreproducción de corticosterona, una molécula que se genera cuando hay mucho estrés.

Aún no se sabe muy bien cómo funciona ese mecanismo, pero será cuestión de tiempo. Es algo complejo de estudiar, sobre todo cuando hablamos de humanos y cerebro. Si se consigue comprender en profundidad estos procesos de comunicación entre el intestino y el sistema nervioso, se podrán diseñar tratamientos que vayan a la raíz del problema. Y, quién sabe, quizá las bacterias sean la clave en ellos.

Y, en relación con esto, también empieza a haber estudios que asocian la microbiota con el deterioro cognitivo e inmunitario causado por el envejecimiento. No quiero decir que lo empeore o sea la causante, sino que puede contribuir a repararlo o retrasarlo. La microbiota va evolucionando conforme cumplimos años y va cambiando, y a partir de los sesenta o sesenta y cinco años la diversidad empieza a disminuir, por lo que cada vez hay menos tipos de bacterias y algunas beneficiosas se cambian por otras que no lo son tanto.

No hay pruebas de que tener una microbiota mejor haga que vivas más y mejor, pero algunos estudios observaron que, tras un trasplante de microbiota fecal de ratones jóvenes a ratones viejos, se atenuaban e incluso se llegaban a revertir los trastornos cognitivos que había adquirido el resto de grupo de control. Esto significa que problemas cognitivos como la pérdida de memoria o la falta de concentración mejoraban. Asimismo, las bajada de defensas, que ha sido un caso muy habitual durante la pandemia, no era tan pronunciada como en los casos en los que se realizaba este trasplante fecal. Evidentemente, esto haría falta probarlo en seres humanos, pero nos da alguna señal de que las bacterias que habitan en nuestro cuerpo pueden conseguir mucho más allá que solucionar una diarrea.

LA PERSPECTIVA DE UN FUTURO MÁS PROMETEDOR EN MEDICINA

Como ya te he contado en capítulos anteriores, las opciones con las bacterias en la investigación y el tratamiento de enfermedades no tienen límites. No solo estoy hablando del tema de la microbiota y su posible relación con prácticamente todo lo que ocurre en nuestro cuerpo, sino de utilizar las bacterias como herramientas para hacer cosas que ahora mismo no podemos llevar a cabo con los medios que tenemos.

Existe una enfermedad en la que me voy a centrar más en esta sección por su relevancia: el cáncer. Nos puede afectar a cualquiera de nosotros en cualquier momento, y todos sabemos cómo golpea cuando llega a una familia. Se caracteriza por el crecimiento incontrolado de células que se *desprograman* y empiezan a multiplicarse como locas. Además, no solo afecta a millones de personas en todo el mundo, sino que también supone un problema psicológico en nuestra sociedad y, por qué no decirlo, económico en muchos casos.

Según la OMS, el cáncer es una de las principales causas de muerte en el mundo, con cerca de diez millones de muertes anuales, y se estima que en 2040 el número de casos nuevos al año aumentará a 29,5 millones (esta cifra da mucho miedo). Esto son muchas vidas tocadas. Esta enfermedad supone un duro golpe para quien la padece, pero también para el entorno más cercano y la sociedad en general. Todos somos capaces de empatizar con esa persona con cáncer que conocemos, sentir ese miedo, esa incertidumbre y ese respeto en una situación tan delicada. Si has padecido cáncer, lo sabrás mejor que nadie.

Además, los tratamientos no solo afectan a las células cancerígenas, sino a todas las del cuerpo. Hoy en día, son muy pocos los tratamientos específicos con apenas efectos secundarios porque existen tantos tipos de cáncer como personas. Y no es una exageración. Las células cancerígenas pueden actuar de mil formas distintas: ser capaces de evadir el sistema inmunitario, ser más agresivas o menos y provocar una metástasis (invasión de otros tejidos) en más o menos tiempo, todo dependiendo del tipo de tumor.

Por ejemplo, un mismo cáncer de mama puede ser muy diferente en dos pacientes, a pesar de que se llame igual, porque cada persona es un mundo. Esto hace que sea muy complicado diseñar un fármaco parecido a los antibióticos que solo mate las células cancerígenas y no las demás. Piensa que esas células, antes de ser malvadas, formaban parte de tu cuerpo, y a ojos del fármaco todas son iguales. De aquí nace la necesidad de buscar nuevos enfoques que minimicen esos efectos secundarios que hacen que superar la enfermedad sea muy complicado y duro a veces, sobre todo en los casos en que hay otras enfermedades subyacentes.

Como intuirás, una de las alternativas es utilizar las bacterias como herramientas. Por suerte o por desgracia, según se quiera ver, la investigación del cáncer es una de las más potentes ahora mismo y la que más dinero recibe para avanzar, ya sea por parte de instituciones públicas o privadas, lo que tiene sentido por su gran impacto. Gracias a esto, la probabilidad de encontrar un tratamiento es mayor y una de las opciones es utilizar las bacterias como medio siguiendo distintos enfoques.

Uno de ellos es la ingeniería genética de bacterias. Como te he contado en capítulos anteriores, consiste en modificar la bacteria genéticamente introduciendo en ella la información que se desee. Uno de los problemas de la quimioterapia es que muchas veces no llega la cantidad de fármaco que debería al tumor, y menos en zonas de difícil acceso, como el interior de los tumores sólidos. Así, varios grupos de investigación en todo el mundo han planteado la posibilidad de utilizar bacterias manipuladas genéticamente para garantizar la llegada de una mayor cantidad de fármaco al tumor.

En algunos casos, las bacterias se utilizan como fábricas de producción de fármacos dentro del propio tumor, que de otro modo se administrarían por vía intravenosa. Esto tiene dos ventajas: la dosis del fármaco es mayor en el lugar ade-

cuado y los efectos secundarios disminuyen, al ser el tratamiento más focalizado. Al principio, el enfoque era distinto: la
idea era utilizar bacterias patógenas, como la *Salmonella*,
para tratar tumores; pero, como intuirás, esto supone asumir
riesgos innecesarios, puesto que es muy probable que se con-
taminen otros tejidos.

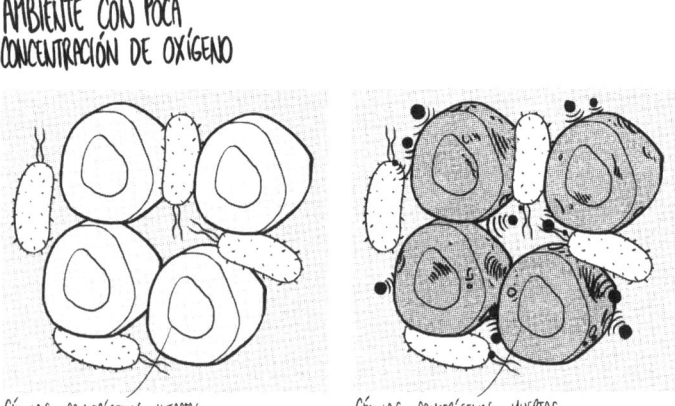

AMBIENTE CON POCA CONCENTRACIÓN DE OXÍGENO

CÉLULAS CANCERÍGENAS INTACTAS   CÉLULAS CANCERÍGENAS MUERTAS

Figura 19. Las bacterias y los tumores

Y ¿cómo sabe la bacteria dónde está el tumor para quedarse allí? Bueno, esto es por el mismo principio del que te he
hablado en capítulos anteriores: la baja concentración de oxígeno de los tumores, por su alto metabolismo, atraería a estas
bacterias seleccionadas para quedarse a vivir allí. En nuestro
organismo, siempre hay oxígeno disponible para que nuestras
células puedan vivir, pero, si introducimos una bacteria a la que
no le gusta el oxígeno, se irá a aquellos lugares donde hay más
carencia, y curiosamente el interior de los tumores es uno de
ellos. Una vez allí, se establecerá y producirá el compuesto
diseñado para dicho cáncer. Además, cuando estas células
mueren por esa sustancia tóxica y se rompen, liberan trocitos

DATO CURIOSO
El anticancerígeno que se activa con bacterias

Cuando la mente de los investigadores llega tan lejos e hila tan fino, yo me quedo fascinada. Un grupo de científicos del Centro de Cáncer de Cork, en Irlanda, le ha dado una vuelta de tuerca más al tratamiento con ingeniería genética bacteriana. Utilizan bacterias modificadas para que estas produzcan una enzima degradadora de un compuesto que administran al paciente directamente.

Este compuesto necesita ser procesado por esa enzima para convertirse en el fármaco asesino de tumores, por lo que es inocuo en aquellos lugares donde no estén estas bacterias, mientras que es supertóxico donde sí están. Es decir, como estas se encuentran en el tumor, este compuesto inyectado, el profármaco, se convertirá en fármaco solo allí, dando justo en el centro de la diana y reduciendo drásticamente los efectos secundarios. Este método reduce la probabilidad de que las bacterias introducidas colonicen otros lugares del cuerpo y causen problemas más graves.

de células cancerígenas que activan al sistema inmunitario desde dentro para que reconozca esas células que antes eran invisibles para él y las ataque específicamente.

Un ejemplo muy claro de esto lo encontramos en la tecnología generada por la Universidad de Gante en 1994, patentada por primera vez en 1996. Lo sé, estamos en el capítulo de perspectivas de futuro, pero, como sabrás, la investigación necesita años y años de proceso para lograr que algo sea realidad, y este es uno de esos casos. Se trata de seleccionar la típica bacteria que se utiliza en los quesos, superapta para el consumo humano, como *Lactococcus lactis*, y modificarla para que produzca la proteína terapéutica deseada. Cuando el paciente ingiere la bacteria, se inicia la producción de la proteína de interés. Estos tratamientos podrían utilizarse para tratar úlceras de boca o esófagos, típicas de la quimioterapia, administrándose de forma directa sobre ellas. Esto funciona al contrario que en la industria, que elimina la bacteria y deja la proteína o la molécula que se produce. En este caso, en cambio, se deja la bacteria para que haga su trabajo ya una vez dentro del organismo, en el campo de batalla.

Aunque la investigación en esta área está en sus primeras etapas, la terapia basada en bacterias muestra un potencial importante como estrategia innovadora en la lucha contra el cáncer, ya que se aprovecha la capacidad única de las bacterias para colonizar áreas específicas y desencadenar respuestas inmunitarias. Esto abre una puerta en la búsqueda de tratamientos más efectivos y menos invasivos.

Hay varios ejemplos de esto, como activar las bacterias con luz y matar el tumor o utilizarlas como vehículos de fármacos o para detectar el tumor mediante otros métodos que se siguen estudiando para avanzar. Esto deja claro la importancia de las bacterias en el tratamiento de una enfermedad como el cáncer. No obstante, también pueden ser relevantes en un futuro, por ejemplo, para administrar insulina si se tiene diabetes, producir antiinflamatorios en nuestra microbiota o generar antígenos para actuar como vacunas y estimular el sistema inmunitario, pero esto ya es soñar.

Ahora quiero hablarte de otro *trending topic* que quizá no hayas oído relacionado con las bacterias, pero no tengo duda de que pronto se empezará a extender, con la moda de la microbiota: el cuidado de la piel, en especial la de la cara. Como ya sabes, la piel es el hogar de muchísimos microorganismos, entre ellos bacterias, y algunas no solo protegen a la piel de patógenos, sino que también destruyen ciertos compuestos tóxicos o contaminantes a los que nos exponemos todos los días y que podrían ocasionarnos reacciones.

Es un tema bastante reciente, pero ya se está viendo que bacterias como *Staphylococcus epidermidis*, *Propionibacterium acnes* y *Staphylococcus hominis* podrían ayudar a que la piel esté mucho más saludable, al degradar compuestos a los que nos exponemos o evitar la presencia de bacterias patógenas. En este contexto, se plantea la idea de hacer una *biorremediación* de la piel tratando la zona problemática con bacterias específicas para que eliminen ciertos compuestos o modificarlas genéticamente para acabar con alergias, dermatitis o acné (en este último caso, ya se está proponiendo también el tratamiento con bacteriófagos, pero este es otro tema).

LA REVOLUCIÓN DE LAS BACTERIAS

Las obreras invisibles: así llamaría yo a las bacterias, que nos ofrecen cada día cientos de productos distintos. Son las heroínas no reconocidas detrás de las cortinas y hacen su magia (más conocida como «ciencia») a una escala que no podemos ver, pero sí disfrutar.

Como ya te he contado en el capítulo sobre la industria, las bacterias están implicadas en la producción de bioplásticos más sostenibles, la limpieza de contaminantes en suelos y aguas, la generación de nuevas energías o incluso la producción de cosas tan importantes ahora mismo como el ácido hialurónico. Están literalmente en todas partes, como dice el título de este libro, sobre todo cuando hablamos de industria.

Pero, si ya son capaces de hacer todo eso, ¿qué más nos pueden ofrecer?, ¿no está todo inventado? ¡Ni mucho menos! En la industria, quedan muchos problemas aún por resolver y las bacterias son las favoritas para hacerlo. En este apartado, te voy a dar algunos ejemplos de los últimos descubrimientos y avances en torno a este tema.

Lo que más me llama la atención es el uso de las bacterias en la industria textil. En un documental que vi, se mostraba un lugar del mundo donde acaba prácticamente toda la ropa cuando ya no la queremos. No pude aguantar más de veinte minutos porque la imagen era horrible: montañas enormes de ropa que convivían con la flora y la fauna del lugar en un entorno rodeado por un río que desembocaba en un mar lleno de tintes y tóxicos a causa de esos montones de ropa imposibles de gestionar.

Vivimos en un mundo en el que una camiseta nos dura como mucho dos años, en que la moda cambia cada dos meses y la ropa cada vez es más barata y menos sostenible porque la pedimos a países extranjeros. Así, podemos comprarnos una camiseta por dos euros y que nos la envíen desde China, con el impacto ambiental que eso implica. Un mundo en el que la ropa no tiene valor ninguno y en el que, para deshacernos de ella, la tiramos a un contenedor sin saber muy bien adónde va. Pero, evidentemente, la ropa no desaparece: viaja a lugares de pocos recursos, donde amontonan millones de prendas por encima de sus posibilidades sin capacidad de gestión.

En este contexto, se plantea la posibilidad de fabricar ropa más sostenible, con material igual de duradero pero biodegradable y reduciendo al máximo los tóxicos que contaminan el entorno o a nosotros mismos. Esto no solucionaría la movida de acumular prendas ni el sistema de comprar y tirar ropa en cuestión de meses, pero sí que haría la gestión de estos residuos un poco más llevadera.

No hace mucho, unos investigadores descubrieron que, a partir de bacterias, podían generar telaraña, que está formada por unos hilos superfuertes y, a la vez, ligeros llamados «dragaminas». Y pese a que se pueden utilizar para fabricar algunos materiales útiles, obtener una gran cantidad es complicado, pues la araña no produce tanto como se necesita. En este caso, no se trata de una bacteria dentro de un tanque típico de fábrica, sino de una bacteria marina fotosintética (*Rhodovulum sulfidophilum*), que es ideal para establecer una biofábrica sostenible porque crece en el agua del mar y solo necesita dióxido de carbono, nitrógeno y luz solar para crecer y producir, y todas ellas son fuentes literalmente inagotables, e incluso, como en el caso del CO_2, hay en exceso.

Otro ejemplo muy chulo es el de la Universidad de Río de Janeiro, donde utilizan la bacteria presente en el vinagre para elaborar una tela de celulosa cuyo aspecto es similar al cuero y se puede transformar en complementos o ropa. De hecho, es una tecnología ya desarrollada y producen a gran escala, pero solo para una parte de la sociedad, aquella que quiere comprar ropa con mayor compromiso con el medioambiente, pero no tengo duda de que será tendencia de aquí a unos años por pura necesidad de recursos.

En relación con el cuidado del medioambiente y la gestión de residuos, también hay proyectos enfocados a encontrar bacterias capaces de degradar el plástico que nos inunda. Esas imágenes de mares y ríos cubiertos de botellas de plástico, bolsas o similares son aterradoras, así que cualquier microorganismo que nos ayude a gestionar tremenda cantidad de residuos es bienvenido.

En octubre de 2021, un grupo de investigadores japoneses publicó sus hallazgos sobre la *Ideonella sakaiensis*: esta bacteria degrada plásticos provenientes del petróleo, los más complicados de eliminar, y produce otros más biodegradables; por ejemplo, convierte el polietileno, el típico de las botellas de un solo uso, en PHB, altamente biodegradable. Es decir, hace el complicado paso de convertir el plástico en algo útil para otros microorganismos y que es imprescindible para la degradación de los plásticos.

Pero este no fue el único caso de descubrimiento de bacterias comeplásticos. En 2020, unos investigadores alemanes mostraron que una bacteria degradaba el poliuretano, típico de asientos, llantas, adhesivos, carcasas y materiales duros, como el aislamiento de edificios. Que esta es otra clave: habría que encontrar bacterias que puedan degradar o al menos hacerlo más fácil para el resto de microorganismos cada tipo de plástico o mezcla. Además, es importante saber qué condiciones necesitan para que se pueda dar esa degradación, ya que seguramente no podemos tirarlos al mar y olvidarnos de los plásticos, o soltarlos en un vertedero y que los microorganismos solos hagan el trabajo.

Otro factor determinante es que esas bacterias que se descubren se puedan cultivar en el laboratorio (recuerda que son muy pocas las que lo permiten) y luego producirlas en grandes cantidades de forma segura y eficaz, sin dañar el ecosistema donde se liberen. Es una tecnología aún en pañales, pero seguramente se encuentre la forma de aplicarla para gestionar mejor los residuos que hoy en día nos están comiendo terreno.

Hablando de seguridad, voy a dar un salto a otro tema importante en nuestro futuro: la seguridad alimentaria. Cada día, la demanda de alimentos es mayor y la industria tiene que ir adaptándose a lo que la sociedad requiere a una velocidad de miedo. Uno de los problemas que se plantean en los procesos industriales y que se vigila muy de cerca es la seguridad alimentaria, en este caso, por contaminación de bacterias patógenas o por presencia de toxinas producidas por ellas.

En estos casos, aunque parezca paradójico, las bacterias también pueden ayudarnos, pero es algo similar a lo que hacen en nuestra microbiota o al fabricar antibióticos de forma natural para luchar contra las demás por un mismo territorio. Además, pueden aportar su granito de arena en distintos puntos de la producción. Por un lado, se podrían utilizar bacterias modificadas genéticamente que produjesen moléculas antimicrobianas o que inhibiesen el crecimiento de las patógenas, previniendo la contaminación en los alimentos. Por otro lado, se podrían crear bacterias que actuasen como sensores para detectar la presencia de patógenos o contaminantes en los alimentos con marcadores o señales que den la alerta; gracias a ello, se contaría con una monitorización y control de calidad continuos. Evidentemente, también se podrían añadir grupos de bacterias beneficiosas para aportar un valor nutricional extra al alimento o, en la fase final, cuando se generan desperdicios propios de la producción, diseñar bacterias que ayuden en la descomposición de residuos para que la gestión sea más sostenible y se reduzca la propagación de patógenos típicos de los restos orgánicos.

Por supuesto, todos estos enfoques deben tener siempre presente el principio de precaución; no podemos olvidar que estamos tratando con bacterias, que evolucionan rápidamente y pueden transformarse en algo desconocido. Además, hay que tener un enfoque ético y basado en todo momento en pruebas científicas suficientes, sin aprovechar la ciencia para vender más o engañar a los consumidores, que de esto hay bastante.

No quería cerrar este apartado sin hablar de una parte importante de nuestro futuro: la energía, esa que parece que nunca se acabe, pero sí que se puede acabar si no dejamos de usarla sin control y de fuentes que se agotan. Está claro que las energías renovables son el futuro, pero ¿y si las bacterias nos echan una mano en esto?

Las bacterias no solo son capaces de producir energía en forma de biocombustibles químicos, como hemos visto en el capítulo 6, también pueden generar energía eléctrica, como una pila. Esto se puede aprovechar para fabricar biopilas o células de combustible biológicas (MFC, por sus siglas en inglés), un sistema que produce una corriente eléctrica gracias a la actividad del metabolismo de las bacterias.

En todas las reacciones del metabolismo de cualquier organismo, incluyendo las bacterias, se producen electrones que proporcionan la energía necesaria para actuar. Si esos electrones se recogen en un ánodo y luego viajan hasta un cátodo, donde se produce una reducción, se genera una corriente eléctrica. Estos microorganismos generadores de electricidad están por todas partes, por lo que se podrían desarrollar dispositivos como minibiobaterías de papel que generen electricidad a partir de la orina humana, algo que parece asqueroso, pero ojo, porque puede salvar vidas en situaciones de emergencia.

Actualmente, estas biopilas se utilizan para producir energía eléctrica, sobre todo en procesos de depuración de aguas residuales, ya que las bacterias que la generan pueden crecer fácilmente en ese medio y no cuestan dinero como tal, ya que existen por naturaleza en estas aguas. Aun así, para otros fines, el sistema de biopilas aún tiene que optimizarse, porque aún es caro de mantener y no es rentable energéticamente, pero mejorar esta tecnología es cuestión de tiempo. ¡Quién sabe!, quizá algún día tengamos móviles con baterías de bacterias, yo lo fliparía.

Hay muchos otros ejemplos del uso de bacterias en distintos ámbitos, como la biorremediación, la extracción de metales, la eliminación de contaminantes o la producción de productos ahora mismo inimaginables. Sin duda, las bacterias van a tener un gran protagonismo en la industria del futuro, más aún si cabe que en la actualidad.

CON ESTOS TEMAS, TE DA PARA HACER UNA PELÍCULA

Siento el título, pero, cada vez que pienso en estas cosas, me imagino la típica película de ciencia ficción con científicos tarados (siempre somos los tarados) que se ponen a inventar cosas, la lían mogollón, provocando un caos absoluto en la sociedad, y luego llegan los buenos a solucionarlo. Tal cual, como en todas las películas.

En primer lugar, me gustaría hablar sobre la inteligencia artificial, pues es evidente que puede ayudarnos en muchísimos aspectos, aunque tengo que reconocer que me da bastante miedito, con la potencia que tiene, y casi prefiero no pensarlo. Probablemente, la inteligencia artificial sea el campo científico con más posibilidades de encontrar nuevas sustancias antibióticas en la carrera a contrarreloj frente a la resistencia a los antibióticos.

En el capítulo anterior, ya he mencionado las posibles salidas en la búsqueda de nuevos antibióticos, como el diseño de fármacos, pero una de las tareas de las máquinas es realizar lo que se conoce como «cribado virtual», que no es más que poner a prueba distintas moléculas de forma virtual frente a su diana para ver si se unirían bien o si funcionarían bien. Por ejemplo, si partimos de una base de datos con miles de compuestos y diferentes características, y sabemos que el compuesto A tiene actividad antibacteriana, se puede crear un programa que busque en esa base de datos compuestos similares a A y que realice una predicción de su capacidad como tóxico para las bacterias. De esta forma, se descartarían mogollón y solo quedarían los mejores para probar en el laboratorio.

Otro enfoque sería el de encontrar compuestos con gran potencial antimicrobiano que aún no conocemos basándonos en la información de las estructuras de los ya existentes. En 2020, un grupo de investigadores utilizó la inteligencia artificial para encontrar nuevas sustancias. Para ello, entrenaron a la máquina con 2.335 compuestos antimicrobianos conocidos y que así el algoritmo aprendiese a reconocer pautas que los humanos desconocían y moléculas que fuesen potencialmente activas para usarlas como antimicrobianos.

Una vez hecho ese entrenamiento, los investigadores hicieron que esta máquina revisara una base de datos de seis mil moléculas y que indicase cuáles serían efectivas frente a *Escherichia coli* y diferentes a los antibióticos que ya existían. Así, encontraron una molécula que ya estaba descrita, pero cuyo potencial antimicrobiano no se había comprobado. Y, cómo son las cosas, hoy se están realizando ensayos clínicos con ese compuesto con el fin de que forme parte de la estantería de la farmacia dentro de poco.

Otro uso de la inteligencia artificial es el diseño de programas para hacer modificaciones virtuales por modelado molecular de la estructura de un antibiótico para el que existe una resistencia y que, además, predigan si va a funcionar. Para conseguir dicho objetivo, se necesita el mayor número de datos posible sobre las moléculas, como la estructura, su comportamiento en distintos medios, si tiene carga o si se disuelve en agua, por ejemplo. Estos datos son necesarios para que la máquina los tome como referencia y haga sus predicciones.

Otro tema que parece de ciencia ficción es la utilización de las bacterias en la investigación espacial. Estas podrían cumplir un papel importante en la investigación y colonización espacial, pues podrían producir alimentos y ayudar a gestionar los residuos. Por ejemplo, las bacterias extremófilas, capaces de sobrevivir en ambientes extremos, son objeto de estudio en la actualidad para comprender la vida en ambientes similares en el espacio, como en Marte. Estas bacterias darían pistas sobre cómo sería la vida en otros planetas y saber por dónde seguir en caso de plantearse llevarlas a ellos (aunque no veo necesidad alguna).

Pero esto no se queda solo ahí. Las bacterias podrían tener grandes implicaciones en el soporte vital de las personas que vivan en otros planetas, como Marte. En este aspecto, podríamos hablar de las bacterias como plataformas de producción de alimentos o de nutrientes esenciales para crear entornos autosuficientes que de otra forma no se podrían tener. Al fin y al cabo, son más baratas y sencillas de mantener, y no es tan factible tener una granja con animales y todo tipo de plantas como unas cuantas bacterias que produzcan lo básico o parte de ello para progresar.

Siguiendo este mismo enfoque, podríamos hablar de la gestión de residuos, porque digo yo que no tropezaríamos dos veces con la misma piedra y reventaríamos otro planeta, como hemos hecho con este (aunque en realidad me lo creería). Las bacterias podrían utilizarse para procesar los residuos generados por los seres humanos en ese planeta y crear desde cero una producción y consumo sostenibles, pero de verdad.

Si ya nos vamos a temas aún más para fliparla, tenemos el uso de las bacterias como propulsión de aeronaves al generar gases o sustancias que ayuden al movimiento. O incluso como encargadas de la limpieza de los lugares donde conviesen los humanos; por ejemplo, eliminando contaminantes del aire o del agua en entornos cerrados y controlados donde los recursos son limitados.

Esto es soñar, pero, si algo no se sueña, no se hace. ¡Quién sabe!, ahora parece algo imposible, pero hace cincuenta años también lo parecía hablar por videollamada con una persona al otro lado del planeta en directo y hoy en día es lo más normal del mundo.

En definitiva, si miramos al futuro, vemos un panorama fascinante y bastante prometedor respecto al uso de las bacterias. Tanto en ingeniería genética como en investigación espacial, las bacterias se intuyen como las protagonistas en la búsqueda de soluciones innovadoras y sostenibles.

En el ámbito médico, se pueden esperar tratamientos personalizados y revolucionarios en los que las bacterias se conviertan en aliadas que combatan enfermedades y contribuyan a la salud global. La ingeniería genética bacteriana, con su

capacidad de convertir microorganismos en fábricas de medicamentos, aparece como el camino de la medicina del mañana.

En la industria, las bacterias pueden formar parte de un
plan real de sostenibilidad, al ofrecer nuevas perspectivas en
la producción de alimentos, biorremediación y fabricación de
materiales respetuosos con el medioambiente y promover la
conservación de nuestro planeta, que es lo más importante
que tenemos.

En conclusión, las bacterias no solo son microorganismos
simples que pueden ocasionarnos problemas de salud o ali-
mentarios. Su versatilidad, adaptabilidad y capacidad para
producir miles de moléculas prometen soluciones transforma-
doras en muchísimos campos. A medida que se van descu-
briendo los misterios de este mundo microscópico, las bacterias se erigen como las favoritas de la comunidad científica en
el camino hacia un futuro más sostenible y saludable.

EPÍLOGO

Espero que, después de todas estas líneas sobre bacterias, te haya quedado claro que no solo nos causan enfermedades y problemas en la vida. Espero que ahora, cuando camines por la calle o estés en casa, sepas ver a través de los ojos del conocimiento tooodas las bacterias que tienes a tu alrededor sin entrar en pánico. Estoy segura de que podrás hacerlo.

Muchas veces, cuando Sara, mi hija, se pone a hacer cochinadas con la comida o con cualquier cosa que se encuentra por la calle, no puedo evitar pensar en todas las bacterias que hay ahí. Igual que en un bufet libre de un hotel, en las camas, en las almohadas (esto no lo llevo muy bien) o en los aseos públicos.

Lo pienso y lo reconozco, pero hay que pensar con cabeza, aunque sea una obviedad. Las bacterias conviven con nosotros todos los días a todas horas en cada momento, y muy pocas son patógenas (relativamente). Con esto no quiero decir que vayas sin lavarte las manos por ahí o que no lleves cuidado, pero no pretendo que, ahora que sabes todo sobre ellas, te dejes llevar por el miedo.

Es bueno que estemos en contacto con ellas, que nos rodeemos de ellas, tanto para nuestra microbiota como para nuestro sistema inmunitario, es bueno que las conozcamos, que sepamos que están ahí y cuál es su potencial, bueno o malo. Sabiendo lo malo, podemos tomar medidas en nuestro día a día que reduzcan las probabilidades de coger una infección, diseñar terapias mejores contra ellas y encontrar la forma de esquivarlas donde no deben estar.

El otro día, una compañera me contó que más del 50 % de las personas que entraron en UCI en la época de la COVID-19 no se morían por este virus, sino por la infección secundaria de una bacteria resistente a todo lo que había, una de las típicas de hospital. Conozco personas cercanas a las que les ha pasado esto. De hecho, una conocida murió hace poco por ese motivo: entró en la UCI con un golpe importante en el cráneo y acabó falleciendo por una infección pulmonar.

Sí, lo sé, no parece muy coherente empezar este epílogo diciendo que las bacterias no son tan malas y luego ponerme a contar estas cosas, pero conocer sus dos caras es importante. De hecho, un ejemplo claro es el de la *Escherichia coli*, una bacteria que he nombrado más de una vez y que se utiliza tanto en industria. Es muy común y suele tener gran presencia en nuestro entorno porque se encuentra cómoda en condiciones de humedad y temperatura similares a las nuestras. Esta bacteria claramente tiene dos caras: la asesina, como patógena, y la útil, para fabricar una molécula tan básica para la vida de millones de personas como la insulina. Es un ni contigo ni sin ti.

Con la microbiota pasa algo similar. La necesitamos para vivir, para tener una buena calidad de vida, pero cuando sufrimos una infección intestinal o cutánea, ¿qué hacemos? Nos cargamos las bacterias buenas y las malas, algo así como ocurre con la quimioterapia. Y es que las comunidades bacterianas, animal, humana y vegetal están obligadas a convivir, y no a matarse entre ellas. Por ello, actualmente muchos de los tratamientos para la resistencia a los antibióticos solo buscan matar a las bacterias realmente dañinas y dejar tranquilas a las demás, debido a que ha quedado clara la importancia de las bacterias en nuestro entorno.

Otro tema es el uso de las bacterias en la industria, una alternativa realmente sostenible, pero difícil de llevar a cabo, muchas veces porque, aunque se tenga la bacteria perfecta y se haya podido modificar para producir lo deseado, se intenta hacerla crecer en grandes cantidades, y eso no hay quien lo consiga. Porque las que son patógenas crecen que da gusto, pero la cosa se complica cuando no lo son y encima proceden de entornos un poquito especiales, por lo que hacerlo realidad supone un reto.

Con este libro, quería que tuvieses conocimiento de la realidad del mundo bacteriano. No solo de cómo son o lo que hacen las bacterias, sino de todas sus aplicaciones: gracias a ellas, se han descubierto nuevos fármacos, se han producido moléculas anticancerígenas o se han desarrollado materiales que pueden cambiar el mundo. Todo ese ecosistema no se ve ni se conoce, y yo creo que es porque hay mucho tabú con esto de las bacterias.

¿Cómo crees que reaccionaría una persona sin conocimientos en el área si le dijeses que un fármaco lo ha fabricado una bacteria? Seguramente, lo primero que le viene a la cabeza es rechazo al pensar en unas pocas bacterias infecciosas que pueden acabar con la vida de las personas, aunque cada vez hay más información al respecto.

Cuando he explicado esto en mi perfil, hay personas que se plantean si hay riesgo de intoxicarse con un fármaco o algún material fabricado por las bacterias, por la posibilidad de que haya alguna ahí. La realidad es que es poco probable, pero podría pasar si la cosa se descontrolara. Lo que sí que es verdad es que, en la mayoría de los casos de producción de moléculas, se utilizan bacterias a las que se les quitan los genes que puedan dar lugar a infecciones por si acaso. Que, aunque en el producto final no quede ni una gota de bacteria, porque se eliminan todas en el proceso, y es casi imposible que quede alguna, los científicos se curan en salud eliminando cualquier probabilidad.

Es más probable que te infectes por una inyección mal hecha de hialurónico en la tienda de debajo de tu casa debido a la contaminación de la aguja que por el propio hialurónico producido por bacterias. Vamos, muchísimo más probable.

Así que espero que todo esto que te he dejado escrito aquí te sirva para elaborar tu propio criterio, para decidir qué es bueno para ti, para despertar tu interés por algo en concreto que seguro que te aportará algo bueno y, por supuesto, para tener una actitud crítica ante la vida, te digan lo que te digan.

AGRADECIMIENTOS

Ostras, no me puedo creer que haya acabado este libro. Lo mejor es que estas líneas las escribo desde mi segunda casa de los últimos meses: la estación de Chamartín.

Escribir un libro no es nada fácil, y menos de tremendo tema, que toca todo lo que se puede tocar a nivel científico. He vuelto a la universidad, pero no a las clases, sino a la biblioteca, a leer de nuevo esos tochos de libros sobre biotecnología que sufrí y disfruté a partes iguales hace años. La verdad es que me encanta ese sitio, lleno de libros con miles de conocimientos que me inspiran a seguir creando, y ese ambiente, con estudiantes nerviosos por los exámenes.

A la primera a quien quiero agradecer este libro es a mí misma. Puede sonar un poco de creída o arrogante, pero es que me ha costado muchísimo esfuerzo tanto por el estudio, por ser un tema algo más lejano a lo que suelo tratar, como por el poco tiempo que he tenido para hacerlo, y no por la fecha límite, sino porque estos últimos meses he crecido muchísimo profesionalmente y los proyectos y colaboraciones me quitaban mogollón de tiempo para escribir.

Estoy contenta de haber cumplido mis propias expectativas, de haber sacado tiempo de debajo de las piedras y de mantenerme firme a pesar de todas las dificultades con las que me he encontrado, que no han sido pocas. Durante la escritura de este libro, empecé un trabajo, lo dejé, cambié de equipo, operaron a mi hija de una hernia, me dieron un premio por mi divulgación y empecé un nuevo pódcast, entre otras mil cosas. No pensé nunca que fuera a ser tan movido, pero estoy orgullosa de mi trabajo.

En segundo lugar, tengo que darle enormemente las gracias a Cristian, mi pareja. Tantos fines de semana o tardes libres que he tenido que decirte: «¿Te puedes hacer cargo de la peque?, tengo que escribir». Y ninguna de las veces me has dicho que no, fuesen cuales fuesen las circunstancias. Eres mi ancla, mi lugar seguro, ese al que quiero ir cuando estoy estresada porque sé que, solo con mirarte y tocarte, todo desaparece. Gracias por cada cena, baño a Sara, tardes de parque y domingos de juegos en el salón mientras mamá trabaja, por tu paciencia infinita y por estar siempre, pase lo que pase. Cristian, eres mi faro y sin ti todo lo que soy como divulgadora y como madre sería imposible.

Otra persona a la que no puedo dejar de nombrar por todo su apoyo durante este proceso es mi madre, esa yaya incansable que hace kilómetros cada día para recoger a mi hija del cole los días que pillaba hueco para escribir. Mi madre es de esas que trae merienda, cena y todo lo necesario para sobrevivir en momentos de máximo trabajo con una niña de tres años y pico. Gracias de nuevo, mamá, por todo tu esfuerzo para ayudarme y hacer posibles cada una de estas líneas del libro, y por supuesto por ayudarme tanto y tan bien a ser mamá sin renunciar a mis sueños.

También quiero darles las gracias a todas las personas que me han acompañado los días largos de escritura de distintas formas, con llamadas, con vídeos absurdos de TikTok para desconectar o simplemente con recomendaciones de música que me hacía sentirme acompañada. Gracias, mi Albi, por tus ánimos y apoyo desde tu nuevo hogar. Gracias, Manu, por la compañía incondicional y las risas día a día en los momentos más duros de escritura, cuando me costaba encontrar la inspiración. Ha sido todo un descubrimiento durante las últimas fases de este libro y es de estas amistades que dices «mola mogollón», a pesar de la distancia. Gracias, Jesús, de @viviendoeldoctorado; Anabel, de @bioindignada, y Jorge, de @enfermero_emergencias, mis tres personas favoritas de Madrid, divulgadores cada uno en su área, ya amigos y apoyo incondicional haga lo que haga. Os quiero mogollón.

Y, por supuesto, quería darle las gracias a mi profesor de Microbiología de la carrera, Manuel Sánchez. Tú me enseñaste a valorar el gran potencial de las bacterias.

He de reconocer que durante la carrera no fue mi tema favorito, ya que en el curso coincidió con una de las asignaturas más difíciles y todos mis esfuerzos fueron para ella, pero, cuando me preguntaron por un tema y salió el de las bacterias, no tenía duda de que aquí había mucha miga que compartir y que seguro que gustaría.

Recuerdo cuando Manuel nos mostraba las fotos de los fermentadores, e incluso nos enseñó a hacer cerveza en el laboratorio, una forma muy práctica y creativa de aplicar los conocimientos. Son de esas prácticas que se quedan en la memoria para siempre, y eso ocurre cuando el profesor se implica y transmite su pasión. Ojalá hubiese muchos más así.

Por último, a ti que me lees, y no por ser menos importante, sino porque yo suelo guardar siempre lo mejor para el final (hasta las patatas fritas del plato). Millones de gracias por tu apoyo comprando este libro, por querer aprender del maravilloso mundo de las bacterias de mi mano y confiar en mí para ello. Gracias por el apoyo, sea por redes, web, este libro o como sea. Sin ti, este sueño no sería posible. Te estoy eternamente agradecida.

Mi niña, Sara, si algún día lees esto, quiero pedirte perdón por todos los minutos que he dedicado a este libro y no a ti. Te prometo que han sido los menos posibles y he intentado estar presente todo lo que he podido. Tu madre solo lucha por su sueño y no quiere renunciar, como tuvieron que hacerlo muchas hace años. Ojalá te sientas orgullosa de mi trabajo algún día, solo por eso habrá merecido la pena todo el tiempo invertido. Te quiero con locura, hija.

Gracias.

Y como siempre digo: espero que te haya gustado.

BIBLIOGRAFÍA

Capítulos 1, 2 y 3

Esteva de Sagrera, J., E. Jenner, e I. P. Semmelweis, «Vacunas y antisépticos antes de la teoría microbiana», Elsevier, 27, 8 (2008), págs. 98-105.

Figuera Von Wichmann, E. de la, *Las enfermedades más frecuentes a principios del siglo xix y sus tratamientos*, Institución Fernando el Católico, Excma. Diputación de Zaragoza, Zaragoza, 2016.

Kallmeyer, J. *et al.*, «Global distribution of microbial abundance and biomass in subseafloor sediment», *Proceedings of the National Academy of Sciences*, 109, 40 (2012), págs. 16213-16.

Krasimirova, L., *Los microorganismos extremófilos y sus aplicaciones biotecnológicas*, Universidad de Salamanca, Salamanca, 2020.

Madigan M., y J. Martinko (comps.), *Brock biology of microorganisms*, Prentice Hall, 15.ª ed., 2017.

McGrew, R. E., *Encyclopedia of medical history*, Macmillan, Londres, 1985.

Merino, N. *et al.*, «Living at the extremes: Extremophiles and the limits of life in a planetary context», *Frontiers in microbiology*, 10, 780 (2019).

Woolverton, C. J., J. M. Willey, y L. M. Sherwood, *Microbiología de Prescott, Harley y Klein*, McGraw-Hill, Nueva York, 2016.

Capítulo 4

Berg, G. *et al.*, «Microbiome definition re-visited: old concepts and new challenges», *Microbiome*, 8, 1 (2020), pág. 103.

Biazzo, M., y G. Deidda, «Fecal microbiota transplantation as new therapeutic avenue for human diseases», *Journal of Clinical Medicine*, 11, 14 (2022), pág. 4119.

Blaser, M. J., «Harnessing the power of the human microbiome», *Proceedings of the National Academy of Sciences of the United States of America*, 107, 14 (2010), págs. 6125-6126.

Cho, I., y M. J. Blaser, «The human microbiome: at the interface of health and disease», *Nature Reviews Genetics*, 3, 4 (2012), págs. 260-270.

Hu, X. *et al.*, «Changes of gut microbiota reflect the severity of major depressive disorder: a cross sectional study», *Translational Psychiatry*, 13, 137 (2023).

Huang, S. *et al.*, «Human skin, oral, and gut microbiomes predict chronological age», *mSystems*, 5, 1 (2020), págs. e00630-19.

Kachrimanidou, M., y E. Tsintarakis, «Insights into the role of human gut microbiota in *Clostridioides difficile* infection», *Microorganisms*, 8, 2 (2020), pág. 200.

Mahmud, M. R. *et al.*, «Impact of gut microbiome on skin health: gut-skin axis observed through the lenses of therapeutics and skin diseases», *Gut Microbes*, 14, 1 (2022), pág. 2096995.

Petschow, B. *et al.*, «Probiotics, prebiotics, and the host microbiome: the science of translation», *Annals of the New York Academy of Science*, 1306, 1 (2013), págs. 1-17.

Reichel, M., P. Heisig, y G. Kampf, «Identification of variables for aerobic bacterial density at clinically relevant skin sites», *Journal of Hospital Infection*, 78, 1 (2011), págs. 5-10.

Se Jin Song *et al.*, «Naturalization of the microbiota developmental trajectory of Cesarean-born neonates after vaginal seeding», *Med*, 2, 8 (2021), págs. 951-64.

Van den Elsen, L. W. J. *et al.*, «Shaping the gut microbiota by breastfeeding: The gateway to allergy prevention?», *Frontiers in Pediatrics*, 7, 47 (2019).

Capítulos 5, 6 y 7
Bharti, A., K. Velmourougane, y R. Prasanna, «Phototrophic biofilms: diversity, ecology and applications», *Journal of Applied Phsycology*, 19 (2017).

Gutiérrez, B., y P. Domingo-Calap, «Phage therapy in gastrointestinal diseases», *Microorganisms*, 8, 9 (2020), p. 1420.

Hernández, V., *Desarrollo de biosensores para la detección de hidrocarburos aromáticos en aguas marinas*, Universidad de Granada, Granada, 2016.

Moretro, T., y S. Langsrud, «Residential bacteria on surfaces in the food industry and their implications for food safety and quality», *Comprehensive Reviews in Food Science and Food Safety*, 16 (2017).

Murray, P. R., K. Rosenthal, y M. A. Pfaller, *Microbiología médica*, Elsevier, 9.ª ed., 2021.

Pardo-Freire, M., y P. Domingo-Calap, «Phages and nanotechnology: new insights against multidrug-resistant bacteria», *Biodesign Research*, 5 (2023), pág. 0004.

Sánchez, M., *Pero ¿qué han hecho los microbios por nosotros? Fundamentos de biotecnología industrial*, García Maroto Editores, 2.ª ed., L'Hospitalet de Llobregat, 2022.

Capítulo 8

Biagi, E. *et al.*, «Gut microbiota and extreme longevity», *Current Biology*, 26, 11 (2016), págs. 1480-1485.

Boehme, M. *et al.*, «Microbiota from young mice counteracts selective age-associated behavioral effects», *Nauret Aging*, 1 (2021), págs. 666-676.

Foong *et al.*, «A marine photosynthetic microbial cell factory as a platform for spider silk production», *Communications Biology*, 3 (2020).

Mackowiak, P. A., «Recycling Metchnikoff: probiotics, the intestinal microbiome and the quest for long life», *Frontiers in Public Health*, 1, 52 (2013).

Monteiro, A. S. *et al.*, «Bacterial celulose-SiO2@TiO2 organic-inorganic hybrid membranes with self-cleaning properties», *Journal of Sol-Gel Science and Technology*, 89 (2019), págs. 2-11.

Murphy, C. *et al.*, «Intratumoural production of TNFα by bacteria mediates cancer therapy», *Plos One*, 12, 6 (2017), pág. e0180034.

Reghu, S., y E. Miyako, «Nanoengineered *Bifidobacterium* bifidum with optical activity for photothermal cancer immunotheranostics», *Nano Letters*, 22, 5 (2022), págs. 1880-1888.

Vázquez-Albacete, D. *et al.*, «An expression tag toolbox for microbial production of membrane bound plant cytochromes P450», *Biotechnology and Bioengineering*, 114, 4 (2017), págs. 751-60.

Wang, D. *et al.*, «Perspectives on Oncolytic Salmonella in Cancer Immunotherapy-A Promising Strategy», *Frontiers in Immunology*, 12 (2021), pág. 615930.